设计学院教材

蒋　晓　主编

产品交互设计实践

THE PRACTICES OF PRODUCT INTERACTION DESIGN

清华大学出版社

北京

内 容 简 介

　　本书是《产品交互设计基础》(ISBN 978-7-302-44007-9)的姊妹书,主要讲述了产品交互设计的实践。全书通过案例详细介绍了原型设计、可用性测试、目标导向设计方法及原型制作软件 Axure、实体交互产品原型制作平台 Arduino 等,通过"快递帮"APP 这一设计案例,展示了产品交互设计的流程和详细步骤以及设计过程中各个环节的细节。本书内容丰富,具有很强的专业性和实用性,特别适合各类高等院校作为交互设计、用户研究、设计调研相关课程的教材和参考书,同时本书也适合交互设计师、用户研究员、视觉设计师和前端工程师等相关人员参考。

图书在版编目(CIP)数据

　　产品交互设计实践/蒋晓主编. —北京:清华大学出版社,2017(2023.9重印)
　　(设计学院教材)
　　ISBN 978-7-302-47783-9

　　Ⅰ.①产… Ⅱ.①蒋… Ⅲ.①产品设计－高等学校－教材 Ⅳ.①TB472

　　中国版本图书馆 CIP 数据核字(2017)第 168508 号

责任编辑:汪汉友
封面设计:常雪影
责任校对:徐俊伟
责任印制:杨　艳

出版发行:清华大学出版社
　　　　网　　　址:http://www.tup.com.cn,http://www.wqbook.com
　　　　地　　　址:北京清华大学学研大厦 A 座　　　　　邮　　编:100084
　　　　社 总 机:010-83470000　　　　　　　　　　　　邮　　购:010-62786544
　　　　投稿与读者服务:010-62776969,c-service@tup.tsinghua.edu.cn
　　　　质量反馈:010-62772015,zhiliang@tup.tsinghua.edu.cn
　　　　课件下载:http://www.tup.com.cn,010-83470236
印 装 者:涿州汇美亿浓印刷有限公司
经　　销:全国新华书店
开　　本:185mm×260mm　　　　印　张:12　　　　字　　数:255 千字
版　　次:2017 年 11 月第 1 版　　　　　　　　印　　次:2023 年 9 月第 6 次印刷
定　　价:79.90 元

产品编号:064500-02

■作者介绍

　　蒋晓　江苏无锡人，江南大学设计学院工业设计系副教授，硕士生导师。主要研究方向为交互设计、情感化与体验设计、计算机辅助工业设计、产品创意思维方法、可用性与用户体验等；曾参与完成国家"九五"重点科技攻关项目，出版国家级"十一五"规划教材一部。近年来，出版图书 14 种，公开发表论文 70 余篇，授权外观专利 200 余项、发明及实用新型专利 12 项，指导学生参加各类设计大赛获奖 40 余项。

■ 近期出版书籍

1. Rhino 4.0 中文版产品设计标准实例教程
2. Rhino 5.0 产品设计标准实例教程
3. AutoCAD 2014 中文版机械设计标准实例教程
4. AutoCAD 2013 中文版机械设计标准实例教程
5. AutoCAD 2010 中文版机械制图标准实例教程
6. Pro/ENGINEER Wildfire 4.0 中文版标准实例教程
7. Creo 2.0 中文版标准实例教程
8. NONOBJECT 设计
9. 产品交互设计基础
10. 产品交互设计实践
11. 洞察人心：用户访谈成功的秘密
12. 试错：通过精益用户研究快速验证产品原型

刘兆峰　就职于爱奇艺，江南大学设计学院交互设计硕士毕业。擅长移动互联网产品交互设计，专注于移动互联网视频领域用户体验提升，公开发表多篇专业论文。

李佳星　就职于腾讯，江南大学设计学院交互设计硕士毕业。擅长社交类移动产品设计，对设计引起的数据变化有独到分析，逻辑思维清晰，善于沟通和协作，执行力强。

谭伊曼　就职于腾讯，江南大学设计学院交互设计硕士毕业。兴趣爱好广泛，喜欢绘画，擅长互联网产品交互设计。还曾经参与过游戏设计、前端开发等实践。

孙启玉　就职于百度，江南大学设计学院交互设计硕士毕业。擅长交互设计和服务设计，对用户行为动机和心理研究有浓厚兴趣，关注互联网产品设计。

张卓苗　就职于酷狗公司，江南大学设计学院交互设计硕士毕业。擅长游戏设计、网站及移动端交互设计。爱好打乒乓球，公开发表多篇专业论文。

张振东　就职于阿里巴巴，江南大学设计学院交互设计硕士毕业。擅长移动互联网产品设计和游戏设计。爱好文学，曾翻译过国外设计类相关纪录片和文献。

蒋璐珺　江南大学设计学院工业设计在校生。擅长产品设计、用户研究和设计批评，曾赴 Thomasmore 大学学习，多次参加服务设计国际工作坊。

前　言

　　笔者主要从事工业设计专业产品交互设计、可用性和用户体验、产品创意思维方法、情感化和体验设计等方向的教学与研究，以及 CAD/CAID 的研发工作，先后主编和翻译过多种 AutoCAD、Pro/E、Creo、Rhino、NONOBJECT 设计、用户访谈、移动产品交互设计方面的书籍。

　　2005 年笔者开始接触交互设计，当时刚开始指导研究生，就毅然选择了可用性和用户体验两个方面作为研究方向，当年所指导研究生的毕业论文便被评为优秀硕士论文，从此便一发不可收。十多年过去了，指导的硕士研究生已有五十多人，曾先后分别以控制感、反馈机制、认知摩擦、用户黏度、用户潜在需求和心流体验等相关方向作为研究交互设计的切入点，前后发表了共计一百二十多篇与交互设计相关的论文。目前，毕业的同学都活跃在各大互联网公司交互设计和用户研究的岗位上，很多同学已经成为了设计合伙人和产品经理。

　　转眼已进入一个新的十年，感慨此时就犹如我平日里登山，身处半山中——仰望顶峰是云雾缭绕，风光无限，但石径长长，道路漫漫；而回望山下则是山谷幽幽，丛林深深，上山时的小路曲折蜿蜒，已经若隐若现，飘忽难寻……

　　回首过去，展望未来，萌生了编撰《产品交互设计基础》和《产品交互设计实践》姊妹书之意，一方面想对交互设计的相关理论，根据思考和理解做些解读，另一方面也想通过实际案例的引导，使初涉交互设计的读者能快速入门。也可能因为是理工科背景的缘由，所以编写时尤为注重脉络分明、思维缜密、有理有据、循序渐进。本书非常适合初学者从零基础开始学习，也有助于选择交互设计方向的同学能尽快地找到自己职业成长之路。

　　本书由江南大学设计学院蒋晓、刘兆峰、李佳星、谭伊曼、孙启玉、张卓苗、张振东和蒋璐珺编著，全书由蒋晓负责策划和统稿。特别感谢辛向阳教授和李世国教授的大力支持。

　　由于时间仓促，且受水平的限制，虽然已尽了最大的努力，但疏漏和不当之处在所难免，欢迎读者批评指正。可登录笔者江南火鸟设计工作室网站或者加入江南火鸟设计QQ 群与笔者进行交流。

蒋　晓

2017 年于江南大学设计学院

■目　录

第1章

原型设计

原型设计不仅是产品交互设计的重要组成部分,更是保证项目得以执行和实施不可或缺的。按照原型承载介质的不同,原型设计可以分为纸面原型和计算机模拟原型。虽然原型的制作方法各不相同,但是终极目的都是发现问题,验证需求,实现优化方案。

本章介绍如下内容:

(1)原型设计概述和原型的分类;

(2)纸面原型及其制作方法;

(3)计算机模拟的低保真原型和高保真原型;

(4)各类原型制作工具;

(5)Axure 原型制作工具的使用。

■ 1.1　原型设计概述

■ 1.1.1　原型设计的定义

心理学家把"原型"理解为人们心里最初的、无意识的印象[①],对于一个产品来说,原型最初的模样是由它的缔造者赋予的,而设计师正是这一伟大的缔造者。从最初的概念构想到设计实施,设计师通过制作模型来呈现和评估内心的想法。例如,建筑设计师和产品设计师通过输出草图方案、创建三维建模和制作实体模型,将设计概念逐步实现。在这里,"模型"和"原型"这两个概念的实质是一样的,都是将产品概念形象化和具体化的工具。

概括地说,在交互设计中,原型是体现一个交互产品功能的框架结构,它关注的是用户的行为和需求,需要考虑利益相关者的要求以及技术因素。从最初的原型到最终的原型,需要不断验证想法、评估价值,并在此基础上进行修改和完善。这一个完善的过程,被称为"原型设计"。交互设计中最基础的部分是原型设计,它体现的是创作者的初衷和设计思维,体现了产品的细节,是交互设计的关键。

具体来说,原型设计是把主要的系统功能和接口通过快速开发制作出"模型",并以可视化的形式(包括动画)描绘出大体的框架图,再结合批注、说明和流程图等方式进行表达,经过不断沟通和反复修改、确认后最终进入设计开发[②]。因此原型也常常被设计师称为"交互稿""线框图""原型图"等。它表达了产品运行的流程、功能、界面布局、信息层级、视觉、操作顺序等信息,将抽象的产品的概念形象化和具体化。事实上,互联网及移动互联网交互产品的实现是依靠代码、编程、数据库等技术实现的。对于一个完整、真实的互联网产品来说,原型仅仅是剔除了技术基础之外的部分。虽然每个学科对原型的定义和看法并不一致,但就其本质来说是一样的,原型的存在是为了在真正产品开发之前,不断地验证需求和产品概念,发现问题,降低开发的风险。

■ 1.1.2　原型的分类

1. 按原型的承载介质分

原型的种类很多,在对互联网产品进行交互设计时,按承载介质的不同可分为两类:纸面原型和计算机模拟原型。原型设计贯穿了产品开发流程的始终,但是在不同的阶段,

---

① HARRY W. A Understandable Jung：The Personal Side of Jungian Psychology[M]. New York：Chiron Publications,1994.

② 陈嫒嫒.浅析交互设计中的纸上原型设计[J].设计艺术研究，2012 (3)：41-44.

应合理选择不同类型的原型,每种原型的制作方法及其优缺点如下。

(1)纸面原型。纸面原型分为手绘式纸面原型和打印式纸面原型。它们都只能在纸张或者白板等短时保存的材质上进行构思和展示示意图。纸面原型非常灵活,易于绘制和修改,缺点是不便于保存和展示。

(2)计算机模拟原型。顾名思义,计算机模拟原型是在计算机上使用专用软件进行绘制的,它要求设计师具备一定的软件使用能力。能使用计算机模拟原型,就说明项目离完成又近了一步,它不仅能更快捷地表达设计思路与构想,也会在细节上不断进行修改和补充,直到最终输出方案。目前,除了纸面原型之外的其他原型一般都属于计算机模拟原型。

2. 从原型的精细程度分

按照精细程度、真实程度的不同,原型可分为低保真原型和高保真原型,它们一般可以按原型是否具备视觉设计因素进行区分。实际上,并没有一个确切的界限来划分低保真原型和高保真原型,同样同是高保真原型或低保真原型,其精细程度和完整度也可能不一样。纸面原型一般只是一个粗略的构想,所以可将所有的纸面原型都归入低保真原型中,而计算机模拟原型则包括以下两个类别。

(1)低保真原型(Low-fidelity Prototype)。该原型通常是用于设计概念的初步梳理和展示,基于现有的界面或系统,在纸面或计算机上对产品的主要功能、操作流程、界面布局、信息层级、交互方式和反馈等进行表达。因为剔除了视觉上的干扰,低保真模型可以让相关人员在查看交互稿时更关注产品内在的逻辑性、易用性、可用性等问题。

(2)高保真原型(High-fidelity Prototype)。高保真原型设计是"终极武器",包括产品演示 Demo 或概念设计展示,在视觉、体验上都与真实产品十分接近。高保真原型是为了在实际产品投入的最后一步从各个方面检验产品,包括逻辑顺序、视觉美感、交互行为等。制作精美的高保真原型,可以更轻易地打动客户,赢得信赖。

■ 1.1.3 原型的五要素

在 Michael McCurdy 等人发表的文章中提到了原型的 5 个维度,即五要素[①]。要快速地掌握原型的绘制技巧,就要先了解组成原型的五要素。

(1)视觉设计是否得到完整的体现。在界面的色彩,控件的精细程度,界面的精细布局等方面,低保真原型对视觉设计的要求比较低,高保真对界面的视觉设计的要求比较

---

① MCCURDY M. Breaking the Fidelity Barrier: An Examination of Our Current Characterization of Prototypes and An Example of A Mixed-fidelity Success, Proceedings of the SIGCHI Conference on Human Factors in Computing Systems[C]. 2006.

高，基本上接近真实的产品。

（2）实现功能的宽度。实现功能的宽度指的是该原型所包含功能的多少，通过它用户可以了解原型的操作范围，它是设计目的决定。

（3）实现功能的深度。实现功能的深度指的是为实现某一任务，产品中某一功能需要完成的操作流程。它的完整性可以让设计者根据此项任务的用户执行情况对所设计的流程进行比较真切的评估。

（4）交互的丰富性。交互的丰富性指的是原型中所表现的交互动作、反馈的多样性。例如手机屏幕上的按钮被点击后产生了变化，当执行此操作的动作不是点击而是侧滑时又会产生别的变化。一般情况下，纸面原型、低保真原型的交互性都比高保真原型低，但是要实现丰富的交互动作，需要付出较高的时间和精力。

（5）数据模型的丰富性。因为数据具有关联性，所以可以将具有相似特点的数据进行分类。

在原型中，这 5 个要素是相互独立的，低保真和高保真并没有绝对的界限，一个原型有时候会在某一个要素上无限接近真实，而另一个要素却处于非常初级的阶段。原型的 5 个要素该如何分配，需要根据具体用途决定。

1.1.4　原型的价值和作用

原型不是产品，构建原型是为了发现问题、解决问题，逐步接近最终产品，所以原型设计的方法又称为"快速失败法"[①]。原型在交互设计中具有重大的价值和作用，就像产品在真正投产前，设计师会不断地制做模型一样，设计师也会在工程师开发网页或移动应用前不断地绘制原型以验证方案。原型的价值和作用体现在以下 6 个方面[②]。

（1）减少团队成员之间的沟通成本。莎士比亚说过"一千个读者眼里有一千个哈姆雷特"，语言和文字会引起人们对形式的遐想，不管是口头的表述还是需求文档，人们听到、看到同样的文字，会得出不一样的理解。原型正是通过直观的方式来展示想法，将产品需求和产品思路确切地整理出来，落实到实施的第一步，能在很大程度上减少沟通误差，让团队其他成员能真切地感受设计理念，理解主题。

（2）减少人力的浪费。团队成员理解的偏差而导致方案的不断修改，会造成许多重复劳动。例如，在传统的设计和开发流程中，设计师和工程师是根据产品经理的需求文档构建产品的，在产品的构建过程中，常常因为理解的偏差或产品经理对需求进行修改而修改设计方案，造成不必要的浪费。

---

① JONES M. Mobile Interaction Design[M]. San Francisco: John Wiley & Sons Press, 2005.
② WARFEL T Z. 原型设计：实践者指南[M]. 汤海，李鸿，译. 北京：清华大学出版社，2013.

（3）节省产品开发的时间、精力和费用。原型的制作需要耗费大量的时间和精力，但是与真实产品开发的时间和精力进行比较，这些都是值得的。一个未经测试和评估就投产的产品，如果失败了，其损失要远远高于原型制作的花费。

（4）向利益相关者展示产品真实的价值。产品原型是一个产品的雏形，为了获得公司股东或客户的更大支持和赞助，需要向这些利益相关者明确展示产品的设计思路和设计想法。原型可以使展示更清晰，收获的信任更多。

（5）产品设计思路及理念的梳理和验证。口头及文字的说明都不如原型表达得直白，使人印象深刻，原型是想法的沉淀，使用原型的方式来表达产品的思路和理念，就像把一团乱糟糟的毛线慢慢梳理整齐。

（6）可用性测试。测试人员或者开发人员、交互设计师都可以在原型上进行可用性测试，查找错误及漏洞。

■ 1.1.5　产品设计中原型设计的定位

原型设计并不是一个单独的设计流程，它贯穿于项目开发的各个环节并且担当着重要的角色。任何产品的设计都不是一蹴而就的，交互式产品的设计也不例外，需要进行不断地迭代，这个迭代的过程需要用原型进行评估，通过"原型—评估—完善"的循环过程发现问题，验证需求，得到最终获得用户满意的产品。

交互产品的设计流程大体可以分成以下 6 步：项目启动、需求评审、交互设计、视觉设计、开发和测试。原型设计并不是一个特定的设计流程，原型设计以原型（通常所说的交互图、线框图、原型图等）为载体将各个流程贯穿在一起，如图 1-1 所示。可见，原型设计在整个项目开发流程中是紧扣各个环节的纽带。正如前面所说，原型设计就是最终产品的雏形，如果在各个阶段，各个部门能够在这个雏形的基础上不断地改进，将会使沟通紧密，目标统一，效率提高，交互产品的设计顺利完成。

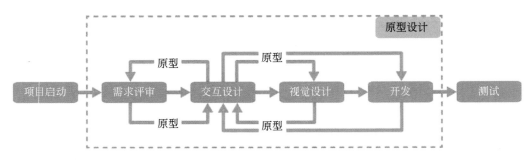

图 1-1　设计流程中原型穿插在各个阶段

■ 1.2　纸面原型

■ 1.2.1　纸面原型概述

顾名思义,纸面原型(Paper Prototype)就是以纸作为依托的原型设计,它以纸和笔作为原型设计工具。设计师用笔直接在纸上描绘或者从网上下载相应的图形按钮和控件,通过图形、符号和少量的文字来快速表达产品的设计理念,绘出界面的元件和布局。纸面原型可以是一个界面,也可以是一个界面的不同状态,如图 1-2 所示。

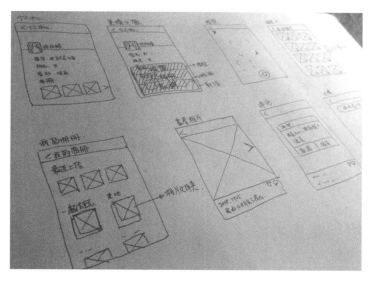

图 1-2　手绘的纸面原型

纸面原型并不等同于草图。绘制草图是表达产品概念的一种手段,可以突出主题,如外形、结构和色彩等,而作为交互界面原型,则需要表达操作界面,因而界面元素、布局与尺度应尽可能符合实际要求,便于评估[①]。根据制作方法的不同,纸面原型可以分为以下几种。

(1)手绘的纸面原型。手绘的纸面原型通过自己绘制产品界面布局、导航和变换的图标等元素来展示原型。手绘的纸面原型具有较大的随意性,因个人性格或者手绘能力的不同,可能会出现风格各异的手绘纸面原型,图 1-2 所示的是手绘的纸面原型。

(2)打印的纸面原型。打印的纸面原型主要是指先在计算机上将手机的平面图、导航、图片占位符、下拉选项等常用的标准控件制作出来。现在,网络资源非常丰富,完全可以直接下载、打印并裁剪出来,再根据设计的产品使用这些模板进行拼接,模拟产品的使

---

① 李世国,顾振宇.交互设计[M].北京: 中国水利水电出版社,2012.

用流程。图 1-3 所示是打印的纸面原型的例子。

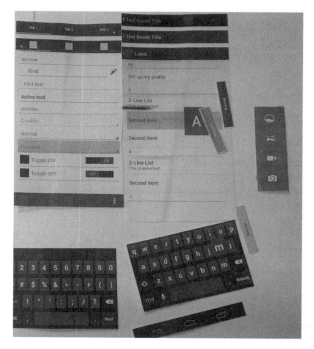

图 1-3   从网上下载控件模板后再进行拼接的纸面原型

■ 1.2.2   纸面原型的优缺点

纸面原型看起来非常随意，也很简单，但纸面原型的用处也很大，其优点主要有以下4 个方面。

（1）构建纸面原型更快速。虽然现在计算机功能非常强大，但手绘或者用卡片组合拼凑对大多数人来说更容易、更简单。纸面原型主要用于产品设计的初期，就像在产品概念设计阶段需要绘制大量的草图一样，这是一种快速而有效的捕捉创意的方法。

（2）纸面原型更容易修改和完善。原型的主要作用就是为了沟通、评估和修改。使用纸面原型进行用户测试或者与他人沟通时，可以随时修改，因为只需要用笔和纸作为工具就可以了，想到的一些想法也可以快速展示出来。

（3）聚焦流程的展示和梳理，减少不必要的时间。在纸上或卡片上手绘产品的概念时，不会受到尺寸、字体、颜色、对齐方式等细节的干扰，但是在计算机上进行绘制时，会不自觉地受到各种因素的干扰。在概念设计的初期，通常都会产生多种方案，如果某个方案被否定了，花在它上面的时间也就被浪费了。在使用纸面原型与他人进行沟通时，没有人会在意界面、视觉元素画得是否精美，他们更多关注的是产品的流程和交互。

（4）抛弃成本低。在概念设计的初期，产品必然会经过不断的修改，如果交互设计师在初期就是使用计算机进行设计和调试大量的仿真交互效果,心理就很容易形成一种思维定式而懒于修改。还会因为原型花费了很多的时间和很大的精力而不愿轻易放弃。这时候,设计师一般会在之前原型的基础上进行修改,而不愿轻易放弃之前的框架或效果。与之相反,纸面原型因为制作简单且成本低廉,也没有花很多时间在计算机上进行处理,所以更容易进行改进。

当然,任何事物都有两面性,纸面原型的优点在于制作快速、沟通便利,但其也存在着一些缺点,主要包括以下 3 个方面。

（1）纸面原型不易保存。画在卡纸上的原型无法长时间地收藏,写在白板上的字随时可能被擦掉,总之保存纸面原型不像在计算机里存储一个文件那么容易,所以使用纸面原型时可以用手机或者照相机将成果拍下来,以免丢失。

（2）纸面原型复用的成本较高,复用的可能性较低。当方案思路梳理清楚后,使用纸面原型进行展示和沟通的成本要比用计算机来制作原型的成本高,因为随着方案的细化,使用纸面原型来展示大量的细节就会变得不直观、低效而缓慢,需要费时、费力地说明一些交互效果以及计算机模拟的反馈效果。

（3）纸面原型对产品真实界面的还原度低。因为纸面原型更加关注思路与流程的梳理,仅仅使用手绘或者拼凑的方式进行展示,所以对于界面布局等设计细节的考虑最低。通常来说,很难通过纸面原型展示真实产品的界面和质感,所以还需要在纸面原型的基础上对产品进行细化。

■ 1.2.3　制作纸面原型

这里,以某威客（Witkey）网站需求方移动端应用的登录、注册步骤为例进行纸面原型的制作,以方案迭代的推进过程介绍各种不同的纸面原型的制作。

1. 流程图和线框图

原型制作前需要梳理、明确原型的信息架构、操作流程及交互方式。信息架构、操作流程的确定,需要通过用户调研、需求分析来得出。在项目开始之初,所有的想法都可以通过手绘的形式来进行展示,图 1-4 所示为两个登录流程方案的初步梳理结果。

最初的这个流程并不完整,因为缺少与界面的结合,所以也不能使人直观地感受到界面的流程。此时,可以将流程中的主要界面粗略地画出来后结合流程图进行展示和解说,让其他人更快速、明确地了解该流程的可行性或优缺点,及时提出问题与意见。图 1-5 所示为方案一:手绘线框图。图 1-6 是将这两个方案的流程图以结合界面线框图的形式展示出来。

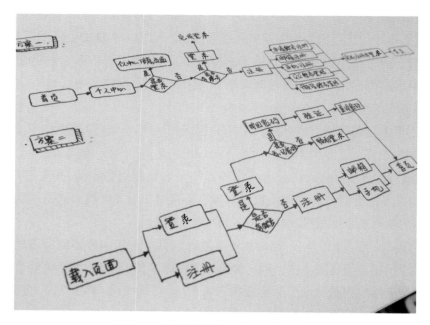

图 1-4　登录流程的两个方案初步梳理

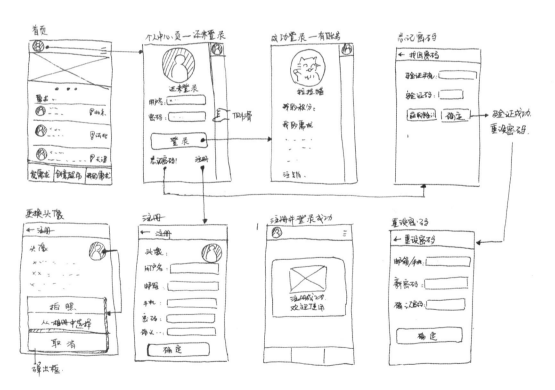

图 1-5　方案一：手绘线框图

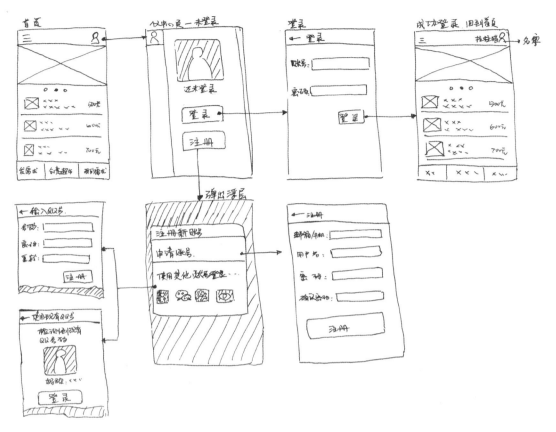

图 1-6　方案二：手绘线框图

纸面原型不等于手绘草图，它不是随意的草绘。草图作为自己的概念图，可以杂乱无章，自己看懂就可以；而一旦作为原型图，使用目的就变为将方案更好地展示给其他人以便进行评估、改进，所以应该尽量工整、易读。

2. 卡片式原型

在纸上将线框图和流程图绘制出来后，方案的展示可能还是不够生动、明了，由于信息量过大，会使人觉得难以判断和决策。这时可以使用简捷的卡片式原型。所谓卡片式原型就是使用卡片或便利贴来展示产品界面和流程。操作如下。

（1）准备便利贴、水性笔、直尺等工具，如图 1-7 所示。

（2）将草图上的每个页面工整地排布在便利贴上，绘制完成后再按照操作流程依次贴出，如图 1-8 和图 1-9 所示。

（3）可以将原型放在桌子上或墙上展示给其他人看。展示原型时，首先假设正在按照操作流程使用这一产品，当介绍到点击某个按钮会发生某个动作并跳转到某个页面时，立即将跳转的页面贴到墙上，让大家看清楚，如图 1-10 所示。

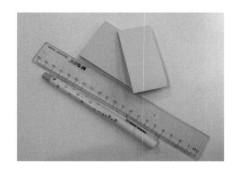

图 1-7　准备工具

图 1-8　方案一的卡片式原型

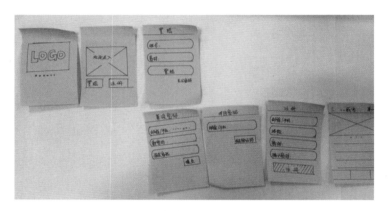

图 1-9　方案二的卡片式原型

图 1-10　展示和操作卡片式原型

（4）通过卡片式原型简单地展示产品概念原型，可以使人快速了解产品的使用流程及交互方式，节省时间，有助于方案的判断和评估，对不合适的地方做进一步修改。卡片式原型明显的缺点是复用的可能性很小，一般是用后即弃。

3. 打印式纸面原型

虽然已经对方案原型制作了两次，但是还需要对方案进行修改。应该明确的是，每次绘制原型，都应该从中发现问题，再进行修改，直到满意为止。原型存在的意义和价值就是为了发现问题，逐步接近最终产品。因此在此次迭代中，可以使用与手机大小一致的UI 模板纸来绘制原型，让其更接近真实产品。

（1）准备 UI 绘图模板、原型设计绘图本、铅笔、水性笔、剪刀、小刀、橡皮等工具。

使用与手机大小一致的 UI 模板纸后，界面更接近真实尺寸，有利于检验设计过程中界面易用性的问题。另外在此次迭代中，希望界面更接近真实产品，此时界面不需要全手绘，可以将安卓或 iOS 中的标准控件、图标等打印裁剪后配合使用，如图 1-11 和图 1-12 所示。

图 1-11　准备工具

图 1-12　使用模板

（2）将界面中的各个元素按照实际大小绘制，力求更加精细和准确，画面绘制完成后如图 1-13 和图 1-14 所示。至此，如果不需要做动态展示，那么作为一份静态的原型或者交互稿就算完成了。如果需要用于动态展示，就可以继续以下步骤。

图 1-13　使用模板绘制界面

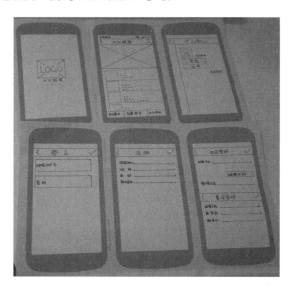

图 1-14　绘制完成

（3）用剪刀将各个按钮、文本框、图像块剪下来，如图 1-15 所示。

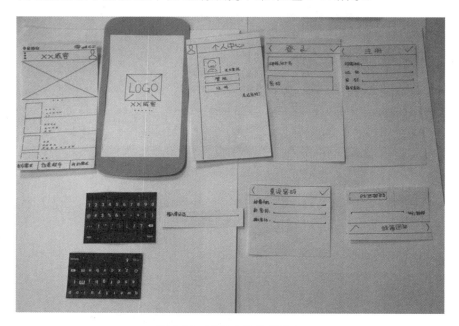

图 1-15　将各个控件剪下来

（4）将准备好的原型和剪下来的控件置于桌面或粘在墙面。按照操作流程的顺序依次将各部分元素摆放整齐，演示时，力求有条不紊地进行各个页面的切换，如果页面有动作，那么一边描述，一边让部件动起来，以一种活泼生动的方式向人们进行展示。

1.2.4　使用纸面原型

前面已经介绍了 3 种纸面原型的制作方法，对于静态原型，只需要将其扫描或拍照后，将思路解说给他人；对于动态原型，用处就不这么简单，例如在将第 3 种纸面原型构建成模拟真实产品的界面时，该原型不仅可用于方案的解说和演示，也可用于对用户进行测试。

使用时，原型的设计者代替计算机对用户的单击和操作给出反应，从而重组纸片，当然这些反应都需要在原型制作初期设想清楚。当某处的反馈有特定效果而无法在纸面表达时，可使用口头描述以达到仿真产品交互的目的。

展示步骤如下。

（1）页面载入，如图 1-16 所示。

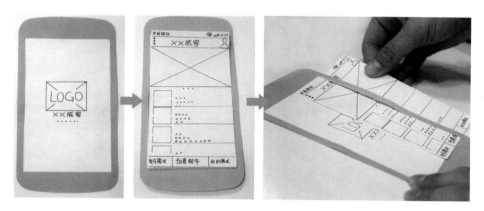

图 1-16　页面载入

（2）进入首页。

（3）单击右上角的小人，页面向左侧拖出"个人中心"页面，如图 1-17 所示。

图 1-17　进入"个人中心"页面

（4）单击"登录"按钮，进入"登录"页面。填写相关信息完成之后，再单击右上角的"完成"按钮，如图 1-18 所示。完成登录后，页面回到首页，并在个人中心旁边显示用户名。

图 1-18　输入用户名与密码登录

（5）如果已有账号，但是忘记了密码，则单击"忘记密码"按钮，页面跳转进入"找回密码"页面，输入注册邮箱或手机号码后，单击"发送验证码"按钮，页面出现输入验证码的输入框，在邮箱或手机收到验证码后，输入验证码，单击"完成"按钮，进入"重设密码"页面。重设密码完成后也就完成了登录，回到首页，并在个人中心旁边出现用户名，如图 1-19所示。

图 1-19　找回密码后登录

在此次迭代中可以邀请用户参与测试，假设有这么一个手机应用让他们来操作，当用户单击某个按钮时，主持者将页面跳出的动作和交互产生的变化用手势或语言来描述，并将相应的页面放出去，以此类推，模拟出每一次单击产生的变化。在测试中要观察用户的行为，让他们给予反馈，依据反馈再对方案进行修改，直到得出最佳方案。

纸面原型的制作与使用看起来非常简单，但仍然需要注意一些细节①。

（1）纸面原型的尺寸可以比实际屏幕尺寸大。纸面原型的操作距离通常都要大于人与计算机之间的操作距离，而且人的手指比鼠标指针大（该情况特指网页原型的演示或测试），在纸上写的字比网页显示的字大，所以制作纸面原型时，适当放大比例，才会让测试更接近于真实情况，使旁观者观察和记录也更方便。

_____

① 阿里巴巴 UED 团队. 纸上原型设计方法说明及使用规范［Z］. 2009.

（2）注意操作纸面原型的高度及视距。操作时尽量选择合适的高度和视距，让用户以舒适的方式进行测试能减少测试的偏差，提高操作的舒适度和效率。

（3）尽量用单色，使界面更简洁。使用单色制作纸面原型，可使操作者将注意力集中于流程和内容上，使用醒目的色彩作为修改标注的颜色会显得更加简单明了。

（4）不需要在纸上将每个交互和视觉效果详细制作出来，纸面原型最大的特点就是快，对复杂的交互进行制作会浪费大量的时间。例如，当模拟用户单击"页面翻转 180 度出现""页面从侧边快速滑出"这些动作时，可使用语言来进行简单描述即可。

（5）作为测试用的纸面原型，尽量使用打印的标准控件，保证界面的干净整洁。

■ 1.3　计算机模拟原型

相对于纸面原型可复用性小、不易保存、制作精度不佳等缺点，计算机模拟原型却能做得很好。在一些体系庞大的产品中，只有使用计算机才能将完整、具体的思路整理并保存下来。按照精细程度、真实程度划分，可将原型分为低保真原型和高保真原型。在本节将详细介绍低保真原型和高保真原型及其优缺点。纸面原型属于低保真原型，本节所有的低保真原型都是使用计算机来绘制的。

■ 1.3.1　计算机模拟低保真原型

计算机模拟低保真原型主要是利用计算机对产品的界面布局、功能结构、操作流程、交互动作等进行阐述，可以通过简单的计算机设计软件快速制作和表现产品的设计理念和思路。低保真原型可分为静态显示和动态显示两类。

（1）静态低保真原型。从作用来说，线框图、流程图等无动态操作的图也属于低保真原型，它们都是以在产品开发的迭代过程中发现问题为目的的。在很多公司里，线框图、流程图、线框流程图（线框图和流程图结合的图）都会成为最终的交付文档，如图 1-20 所示。线框图会成为各部门间的沟通载体，视觉设计师根据它们进行界面设计，开发工程师依照它们进行开发。因为静态低保真原型缺少动态的演示，所以在许多地方需要配以文字进行必要的说明，例如画面跳转动画的说明，交互动作的说明等。

（2）动态低保真原型。动态低保真原型是对产品的简单模拟，是将一个产品所有线框图中的操作流程动态地进行展示，即演示产品的真实操作顺序，其与高保真原型最大的区别就是视觉上的精细程度不一样。动态低保真原型也可以作为交付件，供团队交流、展示使用。与静态低保真模型相比，交付给工程师的动态低保真原型更加直观、易懂，但是其制作成本较高。

静态低保真原型和动态低保真原型是在设计过程中最常用的两种原型，掌握这两种原型的绘制方法能快速提高工作效率。它们的优点主要有以下 4 个方面。

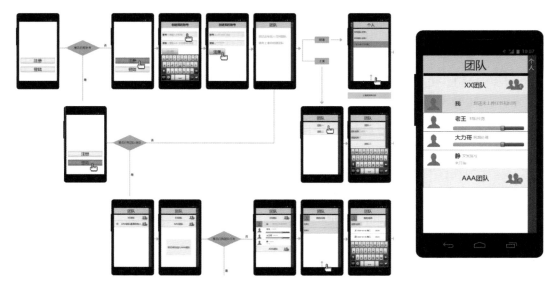

图 1-20　线框图

（1）页面更加整洁和有序。相对于纸面原型，特别是手绘的纸面原型，计算机模拟低保真原型看起来更加统一、规范、详细，能让不同专业背景的人快速明白产品的设计思路。

（2）便于快速制作和生成。低保真原型尚未涉及视觉设计的层次，其仅仅是产品功能结构、界面布局、操作流程和交互动作的表达，主要是以线框图和黑白灰的界面进行表达，制作原型的软件也都非常简单。

（3）易于保存和修改。在计算机上创建的文档具备比较大的灵活性，利用简单的原型制作工具也便于对原型进行修改。由于原型设计的过程也是一个不断迭代的过程，因此可以在一个原型的基础上发现问题、进行修改后生成了一个新的原型，在新的原型上继续进行测试和评估，直至得到最终产品。

（4）能沉淀出大量细节。作为一个完整的产品，其系统和流程等信息是很难在纸面上完整表达呈现出来的，用计算机制作完成的低保真原型可以保证设计的完整性以及对细节的关注。

不管是静态低保真原型还是动态低保真原型，在项目团队内部交流、评估、测试或者向领导汇报用时，仍然存在沟通上的一些问题，并且制作动态低保真原型付出的成本和获得的回报是否成正比也很难预料，这是因为低保真原型存在以下的缺点。

（1）静态低保真原型页面阐述复杂。通常一个应用并不是静态存在的，一个产品的功能结构、界面布局、操作流程和交互动作仅仅使用一个页面来表达是不够的，特别是静态页面无法显示动态的动画和动作，很多动态的效果要加上文字进行阐述才能交付给下游的视觉设计和开发人员，这就会导致一个产品的线框图会有很多张，由于稍微复杂一点的产品一般会超过两百个页面，所以拿一份这样的文档交付给领导或者与工程师进行讨论，沟通成本可想而知。

（2）动态低保真原型的制作成本较高。动态低保真原型需要对制作软件有一定的操作能力，需要付出更多的学习成本，而公司常常考虑的是制作一个动态低保真原型所付出的成本和获得的回报是否能成正比，往往需要通过评估工作量、时间以及制作动态低保真原型后是否可以提高后续设计、开发的工作效率进行决定制作的必要性。

（3）低保真原型缺少细节。相对于真实的产品或者高保真原型，低保真原型是缺少细节的，这里的细节指的是产品视觉元素、严格的界面布局、数据反馈等。

（4）可复用性较低。可复用性指的是原型在下一阶段能否被重复使用。完成原型的制作，就进入了开发、测试阶段，大部分交互设计师在制作动态原型时使用的都是一些模拟工具，并不是通过编写代码来实现的，所以这些原型的文件在后面进行再次使用的可能性不大。

1.3.2　计算机模拟高保真原型

计算机模拟高保真原型在视觉上、体验上与真实产品十分接近，是具有高性能、高互动性的原型设计。它可以全面完整地展示出展品的功能、工作流程、视觉界面以及交互动作，具有完全的互动性，使用户可以像操作真实产品一样进行体验。通过营造这种真实的体验，设计师可以观察用户的使用行为，调查用户的使用心得，并在此基础上评估产品的视觉界面是否合适、操作流程是否流畅、交互动作是否可用等内容。

高保真原型除了可用于产品的全面测试，另一个重要的用途就是可以向客户或者领导进行展示，这是因为高保真原型具有以下 3 个方面的优点。

（1）可以从视觉和体验层面打动客户或高层领导，使交流更顺畅。公司的客户或者高层领导可能不具备设计专业的知识，他们对于那些黑白的线框图和流程图不感兴趣，如果看到了接近真实产品的高保真原型，他们就能知道这个产品的未来形态，就能对设计做出正确的评价或建议。

（2）使用户测试结果更加准确。高保真原型包括了产品的视觉、动效、体验等内容，可以完整地模拟实际产品的效果，此时让用户参与操作，可以得出更加全面、准确的结果，通过让用户参与测试，可以收集用户反馈，继续改进产品。

（3）降低产品开发的风险。高保真原型是进入开发阶段之前的最后一道环节，一旦确定了设计，在开发阶段进行修改就不仅仅是在原型图上移动一下按钮这么简单了。从实现层面说，更改一个功能会耗费一定的人力和时间，也会推迟项目完成的时间。利用高保真原型来验证方案的可行性也是对设计产品开发风险的进一步降低。

虽然高保真原型具有以上优点，但是它也有致命的缺点，主要包括以下 3 个方面。

（1）制作成本高。高保真原型是基本接近真实产品的模型，它需要实现产品的多个功能（包括视觉设计、动态交互、可操作性和反馈效果），所以制作高保真原型需要一定的技术,学习这些技术需要付出努力。制作原型的软件有很多,只需选择一个适合自己的使用即可。

(2)开发周期长。并不是每个开发项目都会制作高保真原型的,这要看项目的资金预算以及开发周期。因为制作高保真原型需要付出更多的时间,如果时间不够,会影响后期的开发。

(3)可更改性小,可复用性低。到了制作高保真原型这一环节,产品已经基本上定型了,如果需要改动,从视觉稿到交互稿都要进行修改,而高保真原型与动态低保真原型一样,可复用到下一阶段的可能性也较低,只能作为一种展示的方式。

■ 1.3.3　计算机模拟原型的制作工具

制作原型的工具有很多种,每一种工具都有各自的优点和缺点,需要根据每个人的情况以及项目的要求进行选择,下面简单介绍几种常用原型制作工具。

(1)Visio。它提供了便捷绘制流程图、页面结构图的功能,如图 1-21 所示。Visio 简单方便,可以满足低保真原型的绘制,只要使用过 Microsoft 公司的办公软件,使用 Visio 肯定不会感到陌生,因为它的界面布局、操作方式和其他办公软件是一致的。使用 Visio 的缺点是组件少,不能添加交互动作,导出后背景上的超链接会失效,等等。总之,Visio 是绘制线框图的优选,也可用于绘制静态原型,但是无法绘制动态交互原型。

图 1-21　Visio 2013

(2)Axure。Axure 现在已发展为很好的原型工具,能满足所有设计和文档的需求,学习起来也非常简单,无须编程就可以创建交互的动态效果。它的组件丰富,不但可以外部导入组件,而且支持自定义组件,低保真、高保真全部覆盖,缺点是缺少绘图工具,如图 1-22 所示。

(3)Adobe 公司的软件。在 Adobe 公司的软件中,Illustrator、Photoshop、Fireworks 等常用的软件可用于绘制原型图并且有较强的绘图能力,可是 Adobe 公司的软件毕竟不是为了原型设计而开发的,其软件本身缺少快捷组件、快速绘制流程图等功能,标准控件只能通过外部复制,不能制作动态交互效果,因此在制作原型图时也有很多局限性,如图 1-23 所示。

制作原型的工具远不止以上介绍的这些,软件是思路表达的一种工具,每一个工具都有其优缺点,可结合自身情况、项目周期和协作团队的要求等情况选择合适的工具,高速、高效的为项目服务。

图 1-22　Axure 7.0

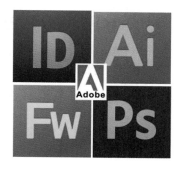

图 1-23　Adobe 公司的软件

■ 1.4　原型制作工具的使用

■ 1.4.1　Axure 基础知识

近几年来，Axure 越来越受到产品经理、交互设计师等用户体验从业者的喜爱，它除了能简单、快速地制作产品原型，还可以快速绘制线框图、流程图、网站架构图、示意图、HTML 模版等，其区别于其他软件最重要的一点是可以通过添加事件来快速创建动态交互原型。下面介绍关于 Axure 7.0 的一些基础知识。

1. Axure 7.0 的工作界面

Axure 的工作区间是中间的画布，用于创建线框图、原型图，另外三面排布站点地图、部件库、母版、页面属性、部件管理、部件属性和样式、部件交互和注释等区域，如图 1-24 所示。为了优化设计师的工作区间，Axure 提供了非常便捷灵活的界面布局方式。通过单击侧面的小三角缩进，从而增加工作区域；单击区域面板右上方的"弹出"或者"关闭"按钮来调整界面的布局；可在菜单栏中选择"视图"|"面板"子菜单中选中或取消需要显示的区域。

2. 站点地图

站点地图的作用是创建和管理页面，使每个页面互不干扰。上下移动页面的位置，可以改变页面顺序。页面的嵌套关系反映的是页面的层级架构，如图 1-25 所示。

3. 部件库

Axure 支持自带的部件库以及导入的第三方部件库（＊.rplib 文件）或自定义部件库如图 1-26 所示。每个类别的部件库相当于一个文件夹，单击"选择部件库"下拉列表，可以展开其他的部件文件夹，接着将选好的部件拖曳至画布中即可，如图 1-27 所示。

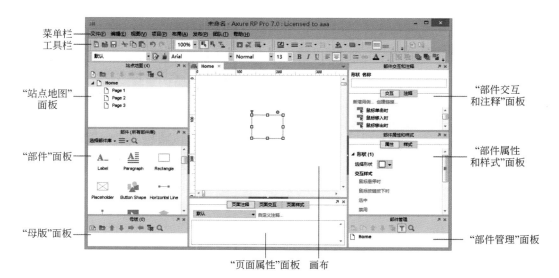

图 1-24　Axure 工作界面

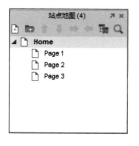

图 1-25　站点地图区

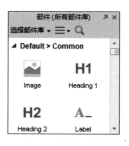

图 1-26　部件库

图 1-27　选择部件类别

4. 母版

　　母版集合了自定义绘制时会用到的可重复调用且便于修改的部件,可以使用母版的界面设计保持一致,节省了大量的时间,减少了文件的长度。在画布中准备好素材,右击需要转换为母版的部件,从弹出的快捷菜单中选择"转换为母版"命令,如图 1-28 所示,弹出如图 1-29 所示的"转换为母版"对话框,在其中可修改母版名字,选择具体的拖放行为。

　　(1)任何位置拖放:再次调用时会作为母版出现,双击便可进入母版页面进行修改,源母版也会改变。

　　(2)锁定到母版中的位置:锁定于母版区,无法调用。

　　(3)从母版脱离:每次调用都会脱离母版,成为一般的部件,修改时源母版不会发生变化。

　　拖放行为的作用各不相同,可根据不同的情况进行选择,生成母版后右击,仍然可以通过弹出的右键快捷菜单对母版的拖放行为进行修改。

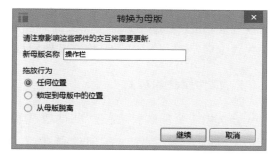

图 1-28 选择"转换为母版"　　　　　　　　　　图 1-29 "转换为母版"对话框

如图 1-30 所示，用 3 种拖放行为创建的母版颜色各不相同，在母版区中产生的图标也不一样，如图 1-31 所示。

图 1-30 用 3 种拖放行为创建的母版　　　　　　图 1-31 母版区中的图标

5. 页面属性

"页面属性"面板包括"页面注释""页面交互"和"页面样式"3 个选项卡，可在整个页面层次对原型进行设置。在"页面交互"选项卡中可通过添加事件来控制页面的交互，如图 1-32(a)所示。默认显示的页面事件包括页面载入时、窗口改变大小时、窗口滚动时，单

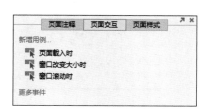

(a) "页面属性"面板　　　　　　　　(b) 页面交互选项卡中单击展开"更多事件"

图 1-32 页面属性

击"更多事件"会展示更多选项,如图 1-32(b)所示。双击任意一个选择即可用例编辑器对事件进行编辑。

6. 部件管理

"部件管理"面板用于管理当前编辑页面下的所有部件,类似于 Photoshop 中的图层管理界面,如图 1-33 所示。它将页面中的部件按顺序一一列出,在该管理区内可通过筛选来决定显示哪一类的部件,提高制作原型的效率。

7. 部件属性和样式

当选中一个部件时,会在"部件属性和样式"面板中显示该部件的属性和样式,如图 1-34 和图 1-35 所示。在部件属性中可以快速改变部件的形状,这是在常用的 Photoshop 等软件中没有的功能,在"属性"选项卡的"形状"栏的"选择形状"下拉列表框中可更改当前部件的形状,也可以在画布中单击部件上灰色的圆圈,在弹出的形状选择界面选择希望更改的形状,如图 1-36 所示。

图 1-33　部件管理

图 1-34　部件属性

图 1-35　部件样式

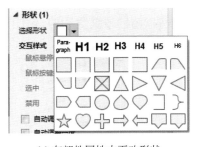
(a) 在部件属性中更改形状

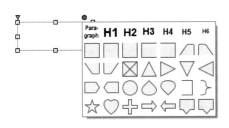
(b) 在画布中更改部件形状

图 1-36　更改部件形状

8. 部件交互和注释

"部件交互和注释"面板用于创建部件的交互效果。与页面属性区中的页面交互不一样,部件交互针对的是部件个体的交互,而页面交互针对的是页面整体的交互。当选中画布中的矩形或图片时,"页面属性"面板就会显示鼠标的常用操作,不同的部件其交互事件有所不同,如图 1-37 所示。在 Axure 7.0 中有许多交互用例可供用户使用,以完成动态原型。

(a) 直线部件的交互事件　　(b) 动态面板　　(c) 矩形部件的交互事件

图 1-37　不同部件的交互事件

双击任意一个事件,例如双击"鼠标单击时",进入"用例编辑器"窗口。在"用例编辑器"窗口中可以对部件进行各种动作的设置。动态面板的交互动作比一般部件的动作更多,所以,在制作原型时,动态面板是最常用。

动态面板是 Axure 自带的部件库中的一种,灵活使用动态面板可实现许多高级的交互功能,确保原型在交互效果上的演示,因此本章将动态面板作为一个重要的小节来进行介绍。

动态面板与矩形线框这些部件不一样的地方在于它是三维的,动态面板相当于一个盒子,这个盒子里可以装无限多的盒子,每个盒子都可以装许多的东西,也可以继续装盒子,这就是动态面板中的状态。每个动态面板可以包含多个状态,每个状态都是一个独立的页面,每个状态内可包含一系列部件,但其显示空间会受制于动态面板的大小。在任何时候最多只有一个状态(页面)是可见的。

使用动态面板可以实现许多交互效果,例如 Tab 式页签的切换效果;鼠标触发式和点击触发式的下拉菜单效果;鼠标触发式的浮窗效果,类似 Alt 的效果,常用于浏览提示和触发式广告;JS 的鼠标点击弹层效果;注册表单中的根据焦点判断提示的效果等。

■ 1.4.2　网站首页低保真原型的制作

本节中,将制作一个网站首页的低保真原型,涉及的操作和命令有新建和保存文件,创建和修改部件,多个部件间的对齐、分布、成组,动态面板的使用,鼠标经过及鼠标按下时效果的设置,部件交互的创建等基本操作。

1. 创建文件

（1）新建文件。在菜单栏中选择"文件"|"新建"命令，或者单击"工具栏"中的"新建"按钮，新建一个后缀为.rp的文件。

（2）保存。要养成及时保存文件的习惯。在菜单栏中选择"文件"|"保存"命令，弹出"另存为"对话框，将文件名命名为"首页"，并保存在"网站首页低保真原型"的文件夹中，回到文件夹中即可看到如图1-38所示的.rp文件。

首页.rp

（3）生成HTML网页原型。在菜单栏中选择"发布"|"生成原型文件"命令或按F8键，弹出如图1-39所示的"生成HTML（HTML1）"对话框，此时对话框中要求选择存放HTML文件的目标文件夹，修改目标文件夹路径为刚才的"网站首页低保真原型"

图1-38 Axure文件

文件夹。单击"生成"按钮，生成原型如图1-40生成原型所示，此时的原型在网页中打开，网页左边显示原型的站点地图（可收缩），右边显示原型的内容。

图1-39 生成HTML网页原型

需要注意的是，在生成原型时务必要将目标文件夹存于单独的文件夹中，因为Axure中生成原型时会产生很多文件，如图1-41生成原型时产生的文件夹所示，在还没有做任

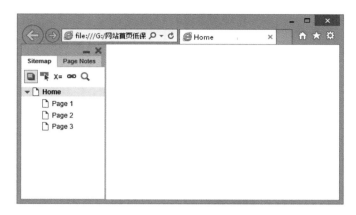

图 1-40 生成原型

何东西时生成的原型文件，所以可以想象，如果原型里有几百个页面，那么将会生成很多个文件。所以为了不让计算机文件混乱，一定要单独存放生成原型的文件。

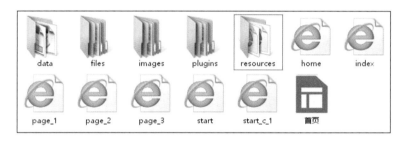

图 1-41 生成原型时产生的文件夹

2. 使用"部件"面板的部件构建网站框架

（1）在"部件"面板选择"矩形"□，将其拖曳到画布区域，在工具栏的右上方设置 x: 200 y: 0 w: 1024 h: 929 □隐藏 ，若选中右边的"隐藏"复选框，则该部件被隐藏。

（2）界面布局。继续拖曳 4 个矩形部件至画布，设置它们的坐标点及长宽如图 1-42 所示，将网页的基本布局划分出来，如图 1-43 所示。

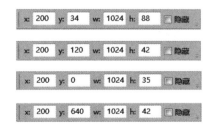

图 1-42 设置矩形位置及大小

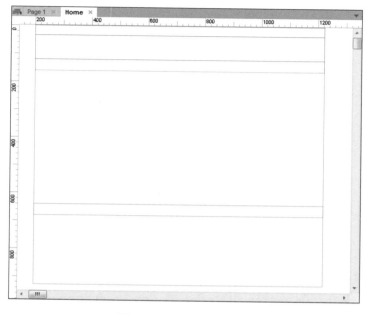

图 1-43 网页的基本布局

（3）顶部文字。在"部件"面板选择"文本框"$\mathbf{A}_-$，拖曳到画布相应的位置，编辑文字。

（4）在"部件"面板选择"占位符"⊠，占位符在原型中代表的是图片。拖曳到画布，设置 x,y(240,40)，长宽 w,h(172,76)，双击占位符，输入文字"LOGO"。

（5）在"部件"面板选择"矩形"▭，拖曳到画布，设置 x,y(618,83)，w,h(237,35)。在矩形框中输入文字"寻找你想要的……"，在工具栏中选择"左对齐"▤，将文字左对齐。

（6）在"部件"面板选择"下拉选单"▤，拖曳到画布，设置 x,y(861,73)，w,h(79,35)。双击下拉选单，弹出"编辑下拉列表"对话框，单击➕添加列表选项，并输入相应的文字，选择其中一个作为默认选项，单击"确定"按钮，回到画布，如图 1-44 所示。

图 1-44 设置下拉选项

（7）在"部件"面板中选择"HTML 按钮" ，拖曳到画布中，设置 x、y（919,83），保持默认大小。双击，将按钮上的文字编辑为"搜索"。同样的方法制作 w,h（66,60）的"发布需求"和"免费开店"的按钮，分别设置 x,y（1051,48）、x,y（1127,48）。

（8）使用"文本框" 将主导航栏制作出来。至此，完成首页头部导航，以及搜索框的制作，如图 1-45 所示。

图 1-45　页面头部导航、搜索框的制作

（9）按 F8 键，生成原型查看效果。

需要说明的是，在本案例中给出具体坐标和长宽只是为了便于更简短地描述和统一，在平时的原型图绘制中，可以使用 Axure 的自动捕捉对齐、鼠标微调对齐、对齐选项等来保证界面的整齐。

3. 导航按钮效果

（1）选择"矩形" ，拖曳到画布，创建侧边导航区域，设置 x: 200　y: 161　w: 169　h: 479，按 Ctrl＋Shift 键，垂直复制该矩形，缩短该矩形的高度，同理，垂直复制 8 个该矩形，确保每个矩形紧跟着前一个垂直排列，按 Ctrl＋G 键，将这 8 个矩形组合。选择这 8 个矩形，拉伸或缩短它们的高度，确保它们跟刚才的大矩形一样高。这样，可在无须计算的前提下将侧面导航区域平均分成 8 份。

（2）在上一步的 8 个矩形中分别输入相应的文字，然后单击工具栏中的"填充"按钮 填充颜色♯E4E4E4（灰度条上右起第三个），完成后如图 1-46 所示。

（3）设置鼠标悬停时和鼠标按下时的效果。选择这 8 个矩形，在"部件属性和样式"|"交互样式"下，单击"鼠标悬停时"，在弹出的"设置交互样式"对话框中设置鼠标悬停时的交互样式，如图 1-47 所示。同理，将"鼠标按键按下时"的效果设置与"鼠标悬停时"一样，单击"确定"按钮，完成操作。

（4）为矩形添加页面链接。选中单个矩形，在部件交互和注释区中双击"鼠标单击时"，在弹出的"用例编辑器"窗口的"第二步"中选择"打开链接"，在第 4 步中选择链接进入的页面"Page1"（在此案例中，将所有链接均设置为 Page1），如图 1-48 所示。单击"确定"按钮，完成操作，用例的添加后，部件交互和注释面板如图 1-49 所示。

图 1-46　侧边导航

图 1-47 设置交互样式

图 1-48 用例编辑器

图 1-49 部件交互结构图

（5）复制用例。右击"用例 1"，从弹出的快捷菜单中选择"复制"命令，随后将其一一粘贴在其他矩形上。完成后全选这 8 个矩形，如图 1-50 所示。

（6）按 F8 键，生成原型查看效果。

需要说明的是在添加完交互样式和交互用例，选择矩形之后，多了两个小方块。在图 1-50 中的序号表示该部件已添加用例及其添加顺序，黑白对半的矩形代表该部件已添加交互样式，当鼠标经过该黑白对半的矩形时，可预览样式。

4. 使用动态面板创建首页海报展示

（1）在"部件"面板中选择"动态面板" ，拖曳到画布，设置 x: 368　y: 161　w: 856　h: 478 。

（2）双击动态面板，在弹出的对话框中将"动态面板名称"设为"海报"，单击"新增" ✚，增加动态面板状态，并将其依次重命名，如图 1-50 全选侧边导航的 8 个矩形，如图 1-51 所示，单击"确定"按钮，完成操作。

图 1-50　全选侧边导航的 8 个矩形

图 1-51　动态面板状态管理

（3）编辑动态面板。在"部件管理"面板中，单击"筛选" 🔽，在弹出的下拉框中，选择"只显示动态面板"，则在"部件管理"面板只显示是动态面板的部件，如图 1-52 所示。

（4）双击"海报 1"，进入其编辑页面，从"部件"面板中拖曳出一个"占位符"，设置 x,y（0,0），长宽与动态面板一样为 w,h(856,478)。双击占位符，输入文字"海报展示 1"。复制该占位符至"海报 2""海报 3"，修改占位符颜色及文字，如图 1-53 所示。

（5）回到 Home 页面，从"部件"面板中拖曳"动态面板"，设置 x: 390　y: 580　w: 241　h: 50

(a) 筛选部件类别　　(b) 只显示动态面板的部件管理

图 1-52　使用部件管理查看动态面板

图 1-53　使用占位符代表海报

双击动态面板，在弹出的"动态面板状态管理"对话框中将"动态面板名称"设为"页码"，将面板重命名为"页码 1""页码 2""页码 3"，如图 1-54 所示。单击"确定"按钮，完成设置。

图 1-54　添加面板状态并重命名

（6）双击"部件管理"面板中的"页码 1"，进入"页码 1"页面编辑区。新建一个矩形，在"部件属性和样式"面板中，单击"选择形状"，如图 1-55 所示，弹出形状选择框，选择"圆

形"，在"部件交互和注释"面板中将形状名称设为"圆 1"。在工具栏上设置

x: 20 　y: 10 　w: 30 　h: 30 。水平复制粘贴 2 个圆形，依次排开后，单击工具栏上的"横向分

布"，使 3 个圆横向平均分布，并将复制的圆重命名为"圆 2""圆 3"。

（7）在 3 个圆中分别输入数字 1、2、3。并修改 3 个圆的填充色、边框颜色、字体颜色，效果如图 1-56 所示。

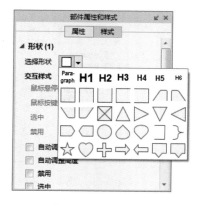

图 1-55　创建圆形

图 1-56　圆形图标的样式效果

（8）选中"圆 1"，在"部件交互和注释"面板中双击"鼠标移入时"，在弹出的"用例编辑器"窗口的"第二步"中选择"设置面板状态状态"，在"第四步"中选中"设置海报（动态面板）状态到海报 1"，在"选择状态"中选择"海报 1"。同样的操作，选中"设置页码（动态面板）状态到页码 1"，在"选择状态"中选择"页码 1"，完成设置，如图 1-57 所示。单击"确定"按钮，完成操作，部件交互如图 1-58 所示。

图 1-57　用例编辑器的设置

（9）该用例的含意是，当鼠标经过"圆1"时，动态面板"海报"显示"海报1"的内容，同时另一个动态面板"页码"显示"页码1"的内容。

（10）复制用例1，将其粘贴在"圆2""圆3"的"鼠标移入时"的动作下，然后双击进行相应的修改，完成后"圆2"和"圆3"的部件交互结构如图1-59和图1-60所示。

图 1-58　部件交互结构图

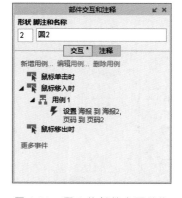

图 1-59　圆 2 的部件交互结构

图 1-60　圆 3 的部件交互结构

（11）复制"页码1"的3个圆到"页码2""页码3"，依次修改圆的填充色、边框颜色和字体颜色，如图1-61所示。

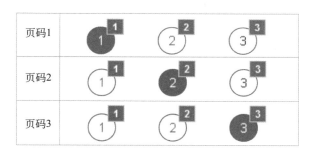

图 1-61　在三个页面中分别绘制的圆

（12）完成以上的步骤后回到 Home 页，页面如图 1-62 所示。按 F8 键生成原型查看。

在这一步骤中，实际上是在页码的动态面板上做了3层，在海报的动态面板上也做了3层。当单击页码上相应的数字时，动态面板便切换到对应的页码层和海报展示层。所以出现动态效果。

5. 添加页面链接

使用部件库中的"矩形""文本框""占位符"等完成首页剩下的布局，并为其添加链接，制作步骤略。完成后如图1-63所示。按 F8 键，生成原型查看效果。

在本小节的练习中，除了熟悉 Axure 的基本操作外，特别要注意的是要理清站点地

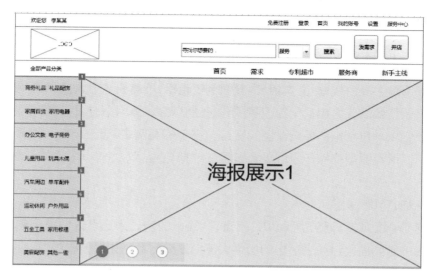

图 1-62　Axure 中制作的页面

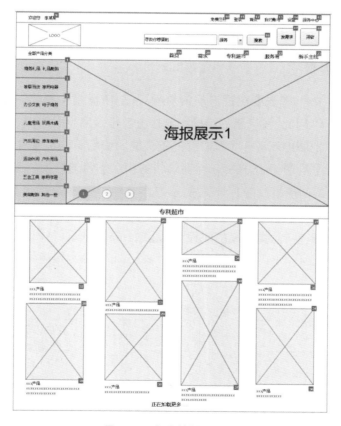

图 1-63　完成首页的制作

图，层级要清晰；勤保存；使用有意义的名字命名部件或动态面板；使用部件管理来管理部件;多使用快捷键操作,提高工作效率。

■ 1.4.3 高保真原型的制作

低保真原型主要由线框,文本组成,界面比较粗略,不需要考虑太多界面美观的问题,但是高保真原型就需要考虑视觉的因素;所以在制作高保真原型时,首先需要将产品的视觉界面设计好以后再制作高保真原型。在这一小节的案例中,通过一个小而扁平的 APP "色彩心情"高保真原型的制作了解设计过程的一般流程,以及 Axure 中如何制作高保真原型。

产品名称:色彩心情。

功能需求:工具类,记录类 APP。用直观、简单的方式来记录人们每天的心情,让用户非常明了的看到自己过往生活中的心情大部分是如何变化如何分布的。

1. 创建并保存文件

新建名为我的色彩心情. rp 的文件,并保存。新建另一个文件夹用于存放生成原型时产生的文件。

2. 确定产品流程

在确定产品需求后,首先要梳理产品的流程,从功能需求来看,需要构建一个方便操作,快捷直观的 APP,因此,在产品的结构和流程上都应该扁平而短小。

在 Axure 站点地图中新建一个"流程图"的页面。使用 Axure 部件库中 Flow 文件夹中的部件来绘制流程图,拖曳出来的部件在边线的中点上会出现蓝色的吸附点,如图 1-64 所示。将流程图中的矩形框绘制并排列好后,在工具栏中更改模式为"连接模式" ,将鼠标靠近蓝色的点,当其变成红色时表示可以连接,如此完善流程图,修改箭头颜色、样式,确保每一个部件、线条对齐,完成后的流程图,如图 1-65 所示。

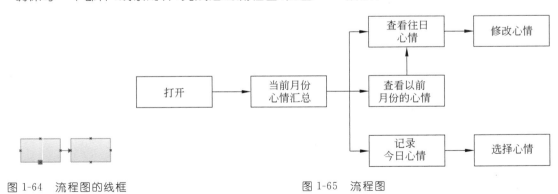

图 1-64　流程图的线框　　　　　　　　　　图 1-65　流程图

3．绘制线框图（低保真原型）

流程图只是对操作步骤的简单梳理，在流程图的基础上，还需要将界面布局、信息层级、操作的交互动作等进行细化。

在 Axure 站点地图中新建一个"线框图"的页面。新建一个 320×480 的矩形，将该 APP 的操作平台设为 iOS 平台，在进行界面的交互设计过程中，需要遵从 iOS 的界面设计规范。在该矩形的基础上，绘制出主要界面及其跳转关系。如图 1-66 所示。

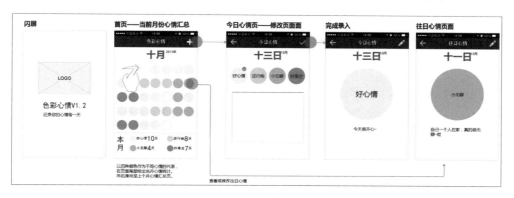

图 1-66　根据流程图绘制线框图

使用 Axure 绘制线框图的过程中不涉及动态交互的制作，因此只要灵活使用 Axure 中的部件、对齐、编辑样式即可，但在绘制线框图表达设计思路的过程中需要注意以下几点。

（1）页面名称需标明。

（2）必要情况下使用文字进行注释以表达清楚，如果注释比较多，可通过添加 1、2、3 来标明需要注释的地方。

（3）页面的跳转关系要明确，通过单击哪一个按钮产生哪一个页面需说明。

（4）界面布局尽量接近视觉布局，以达到良好的查看效果。

4．准备视觉素材

根据前两步梳理的流程图和线框图设定绘制的高保真原型。在打开 APP 时，首先出现闪屏界面，一段时间后进入首页，在首页中向右滑动查看以往月份的心情汇总，单击色块查看该日心情详情页，单击"＋"按钮添加今日心情色彩。按照这些预设的流程，将主要界面的视觉用 Photoshop 绘制完成，如图 1-67 所示。

即使是高保真原型，也不可能将每一个动作都做出来。制作原型时，只需要做出一个既定的、完整的操作路线即可。

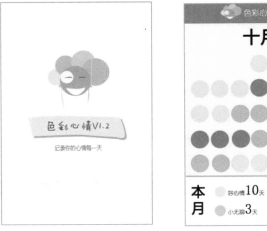

(a) 闪屏页

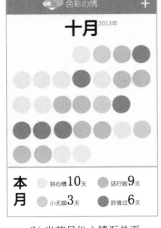

(b) 当前月份心情汇总页

(c) 添加今日心情色彩页

(d) 往日心情页

图 1-67　主要界面的视觉设计

5. 创建载入页动作

（1）将闪屏页导入 Axure 中，设置其坐标 x, y(0,0)。

（2）在"页面属性"面板中的"页面交互"选项卡中，双击"页面载入时"，弹出"用例编辑器"窗口，设置如图 1-68 所示的参数。即当页面载入时等待 1000ms，然后在当前窗口中打开 Page1。

（3）按 F8 键，生成原型查看效果。

6. 制作滑动屏幕移动页面的效果

（1）在 Page1 中创建一个 w, h(320,480)的动态面板，标签命名为"月份心情汇总"。

图 1-68 　 设置用例编辑器

（2）从"部件管理"面板中双击进入该动态面板的 State1 页面，在该页面中创建一个 w,h(960,480) 的动态面板，将其命名为"包含几个月心情"。

（3）双击进入该动态面板的 State1 页面，在该页面中创建 4 个大小为 w,h(320,480) 的动态面板，并分别将其命名为"八月""九月"和"十月"。完成后"部件管理"面板中动态面板的层级关系如图 1-69 所示。

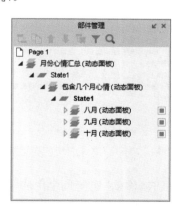

图 1-69 　 动态面板的层级关系

（4）将提前准备好需要进行滑动的页面，按顺序分别放入上一步的 3 个动态面板中，如图 1-70 所示。

（5）设置"包含几个月心情"的坐标值 x、y(-640,0)，使"十月份心情"的视觉稿呈现在页面滑动前的第一张，即在载入页面跳转后显示的第一个页面是十月份的心情。

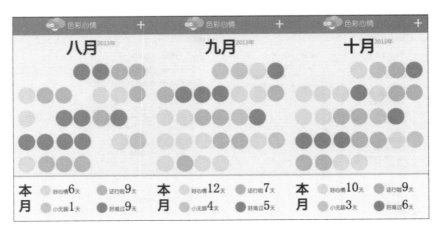

图 1-70 将视觉界面分别放入"八月""九月""十月"的动态面板中

（6）为动态面板添加动作。选中"十月"动态面板，在"部件属性区"中设置"向左滑动时"和"向右滑动时"的用例，完成操作后，如图 1-71 所示。

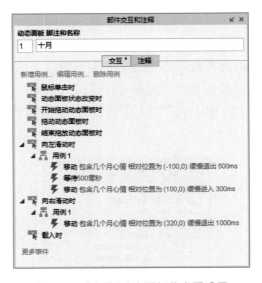

图 1-71 "十月"动态面板的交互设置

当向左滑动"十月"动态面板时，移动"包含几个月心情"动态面板往相对位置 X 轴的方向移动 -100，然后等待 500ms，之后再沿 X 轴移动 100，回到原来的位置。该页面这样设置是因为该页面是最后一个页面，当向左滑动时，已没有更多页面可以查看，可以做出类此反弹的效果而不至于滑动页面无反馈。

而当页面向右滑动时，移动"包含几个月心情"动态面板沿 X 轴移动相对位置 320，出现"九月"动态面板界面。

（7）根据步骤（6）的思路，为"九月"和"八月"动态面板当左右滑动时设置用例。完成后分别如图 1-72 和图 1-73 所示。

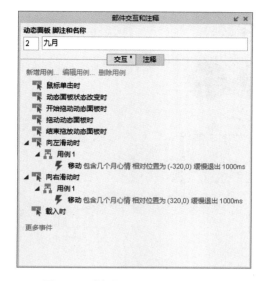

图 1-72　"九月"动态面板交互设置

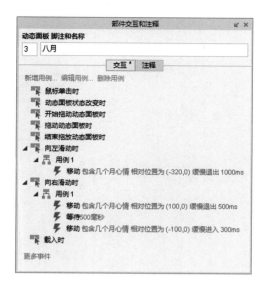

图 1-73　"八月"动态面板设置

（8）按 F8 键，生成原型查看效果。

在本例中，共使用了 3 层的动态面板，使用动态面板套动态面板，滑动小的动态面板移动大的动态面板，通过层层的嵌套可以做出许多效果，用户可多做尝试。

7．添加页面链接

（1）将准备好的视觉稿依次放置在页面中，按照流程图中的步骤，为可单击按钮添加"热点"部件，被热点覆盖的区域可对其添加交互用例"当鼠标单击时"，在当前窗口中打开相应的链接。

（2）按 F8 键，生成原型查看效果，依次检查链接是否正确齐全。

8．制作文字输入框，并且选择颜色

在心情编辑页面下添加"文本编辑框"，输入文字"说点什么吧……"作为该文本框的默认文字，如图 1-74 所示。

9．保存并将原型导入手机

将所有生成原型时产生的文件都复制到手机中，使用手机浏览器打开文件 index，即可在手机上测试使用原型。

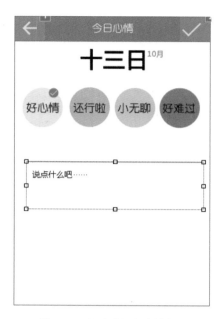

图 1-74　插入"文本编辑框"

■ 1.5　本章小结

　　本章系统的梳理了原型的类别，每一种原型的优点和缺点。纸面原型快速，但不便保存；计算机模拟原型可大量梳理细节，但制作成本高，其中低保真原型较为快速，但欠缺视觉体验。如何正确选择原型、使用原型来为项目服务，取决于项目在该阶段关注的问题，是信息架构的设计，还是流程的设计，或是界面的设计。总而言之，在正确的时间使用正确的类型来促进项目的进展。

　　而对于原型制作的技巧，本章进行了简略介绍，因为在实际中，原型制作并不需要高超的软件技能。原型制作的好与坏取决于对项目的思考。在原型绘制之前，务必梳理思路、打好草稿之后，再进行深化。如果已经做好这些工作，剩下的就只是设计表达和呈现的问题了。

■本章参考文献

[1]　HARRY W. A　Understandable Jung：The Personal Side of Jungian Psychology[M]. New York：Chiron Publications，1994.

[2]　陈嫒嫒.浅析交互设计中的纸上原型设计[J].设计艺术研究，2012：41-44.

[3]　MCCURDY M. Breaking the Fidelity Barrier：An Examination of Our Current Characterization of

Prototypes and An Example of A Mixed-fidelity Success，Proceedings of the SIGCHI Conference on Human Factors in Computing Systems［J］，2006.

［4］　JONES M. Mobile Interaction Design［M］. San Francisco：John Wiley & SonsPress，2005.

［5］　WARFEL T Z. 原型设计：实践者指南［M］. 汤海，李鸿，译. 北京：清华大学出版社，2013.

［6］　李世国，顾振宇. 交互设计［M］. 北京：中国水利水电出版社，2012.

［7］　阿里巴巴 UED 团队. 纸上原型设计方法说明及使用规范［Z］，2009.

第 2 章

可用性测试

　　可用性测试就是从用户角度对产品的有效性、学习性、记忆性、工作效率、容错程度和满意程度进行判断和测评，是一种在迭代设计中不断获得被测者的反馈并根据被测者反馈不断优化产品设计的方法。可用性测试易于观察被测者执行特定任务的过程，因此常常用于测试个别特征的功能及特定用户的使用效果。可用性测试的目的是建立评价标准，尽可能多地发现可用性问题，指导设计和改进产品界面，提高产品的质量。

　　本章将介绍的内容如下：

　　（1）可用性测试的定义；

　　（2）可用性测试标准；

　　（3）可用性测试方法；

　　（4）可用性测试的运用。

■ 2.1　可用性测试的定义

根据 ISO 9241-11 的定义,可用性是指在特定环境下、某类特定用户将产品用于特定目的时产品所具有的有效性、效率和主观满意度。产品的可用性是用来衡量产品质量的重要指标,是影响用户体验的一个非常重要的方面,好的可用性可以帮助用户方便、快速地找到所需的信息,使用户在使用过程中获得好的体验。

■ 2.2　可用性测试标准

关于可用性的国际标准是 ISO/IEC 9126-1 和 ISO 9241-100。国际标准 ISO/IEC 9126-1 提出按照用户使用观点,从功能性、可靠性、可用性、有效性、移植性和维护性 6 个方而衡量软件产品质量。

可用性作为产品质量因素之一,被定义为"在特定使用情景下,软件产品能够被用户理解、学习和使用,能够吸引用户的能力"。国际标准 ISO 9241-100 对可用性的定义是产品在特定使用环境下为特定用户用于特定用途时所具有的有效性(Effectiveness)、效率(Efficiency)和用户主观满意度(Satisfaction)。

■ 2.3　可用性测试方法

现有的可用性测试方法超过 20 种,大致分为测试(Testing)、询问(Inquiry)、检查(Inspection) 3 类方法,如图 2-1 所示。

图 2-1　实验室测试场景

传统方法多为实验室环境下的测试,包括绩效测量法(Performance Measurement)、启发式测试(Heuristic Evaluation)、有声思维(Thinking Aloud Protocol)、清单核查法

(Feature Inspection)、实验室观察(Lab Observation)和问卷测试等[①]。

　　就测试方式来说,测试方法可分为时间消耗型、成功概率型、错误结点型、步骤效率型几种。

■ 2.3.1　时间消耗型测试

　　产品学习成本的高低是决定用户使用效率的关键因素之一,无论是内容为主还是功能为主的产品,在交互的流程中,能够被用户快速熟练使用是至关重要的。通过测量被测者在完成特定任务时所消耗的时间来测试使用效率,是反映产品在交互流程中效率的最简便易行的方法[②]。

　　对于需要重复使用该产品的用户来说,完成任务的时间显得特别重要。例如,对于一款外卖应用,当用户要为 12 个人预定午餐时,如果每份午餐都需要消耗 3 分钟时间,订满 12 个人就需要半个多小时,这显然是不符合实际需求的。

　　在下面的时间消耗型测试中,将以一款面向中老年人的旅游类应用——《嘻游记》为案例进行说明。该应用将目标人群锁定在 50～60 岁的中老年人,他们大多数已退休,有充足的时间和积蓄。由于老年人使用电子产品的能力有限,对产品优良的易用性、易学性的需求较高,因此产品在投放市场之前的内部测试就显得尤为关键。

　　《嘻游记》的开发过程中进行过多次可用性测试,本案例是产品设计早期交互稿(低保真)中的可用性测试。测试共有 10 项任务,限于篇幅,在此只展示其中 4 项测试初稿,如图 2-2 所示。

- 完成对"无锡灵山大佛佛会"这一项目的关注;
- 找到并且打开"畅游苏州小桥流水人家";
- 完成对"畅游苏州小桥流水人家"这一产品的车票费用的电话咨询;
- 查询"畅游苏州小桥流水人家"产品的保险费用。

　　时间消耗型的记录相对比较简单,通常以分和秒作为单位来衡量任务开始和结束之间消耗的时间。任务开始的时间点易于确定,任务结束的时间点需要重点关注。在自动计时中,一般采用被测者在自认为结束时候单击"时间结束"按钮;在手动测量时,一般以两点为依据,一是以被测者指出他们完成的成果为结束点,二是以被测者停止与产品交互的一刻为结束点。

　　时间统计表通常有 3 种形式,可以依据被测者和任务名称两种分类方式进行分类,其中以任务名称分类的情况可与容忍度分析相结合,形成单位时间内的完成率统计表。

---

　　① WILSON C, 重塑用户体验-卓越设计实践指南 [M]. 1 版.刘吉昆,刘青,等译.北京: 清华大学出版社, 2010.

　　② Alan COOPER A. About Face 3 交互设计精髓 [M]. 3 版.刘松涛,译.北京: 电子工业出版社, 2013.

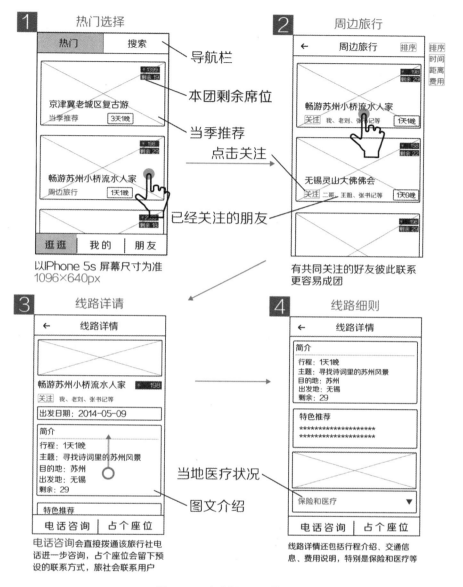

图 2-2　《嘻游记》测试草图

　　按照被测者分类可以设计出某个测试项目或者整个测试过程所用时间的状况。由于被测者信息丰富,可以按照不同的被测者分类进行独立统计,这有利于针对不同使用背景的被测者找到程序操作中的设计改进点,如图 2-3 所示。

　　按照任务名称分类是另外一种常见的信息归纳手段,它仍然以时间为参考量,查看每个任务所使用的时间是否与预期相符;对于消耗时间超长的项目,应努力寻找项目操作难点,进一步细分测试内容,提高用户的完成速度,如图 2-4 所示。

　　除此之外,通常还有另外一种整理方法,即以一个时间单位为结点,记录被测者完成

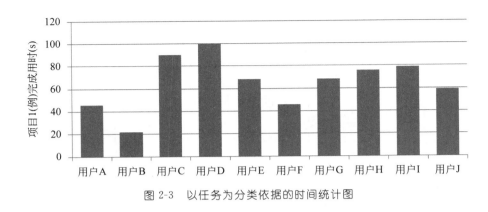

图 2-3　以任务为分类依据的时间统计图

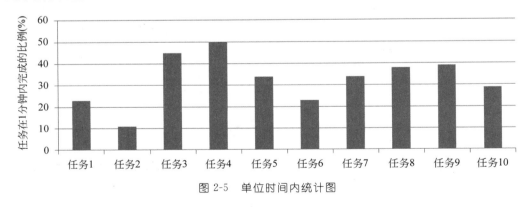

图 2-4　任务名称分类统计图

测试的比例,这个时间结点可以与前期的用户调研相结合,根据不同年龄段的操作时长容忍度进行调整,如图 2-5 所示。

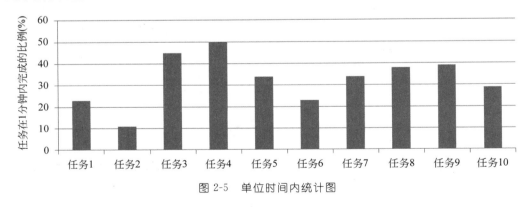

图 2-5　单位时间内统计图

　　需要注意的是,如果明确告知被测者将以时间为计量标准,他们往往会为了缩短测试时长而采用非正常的速度完成任务,这显然与实验原则不符;但是如果完全不告知,他们可能会以很低的效率工作。所以折中的办法是,不主动告知被测者将以时间为计算方式,如果被测者问起,则只告知他们要关注开始和结束的时间结点,其他内容不予透露。

■ 2.3.2　成功概率型

掌握任务完成的成功概率是可用性测试方法中常用的一类，它测量的是被测者能够完成任务的程度。在测评中，可采用一次性完成和阶段性完成两种方法。为了确保任务完成，必须要求被测者有一个清晰的完成状态[①]，例如填写提交用户注册表，完成订餐的订单；为了检测任务是否已被完成，在测试开始前应确认任务完成由哪些因素构成，内容应分条明确地罗列出，因为含糊其辞的任务往往得不到有效的测试反馈。

（1）一次性完成。一次性完成是测试中最为简单和常用的方法，被测者完成任务的结果只有成功和失败两种，不存在第三种可能。邀请真正的用户进行测试是最好的可用性方法，它能直接告诉设计师，人们会如何使用这一产品，从某种意义上讲，它是一种不可替代的方法[②]。当产品实现目标是以用户是否能完成某个或某些任务为标准时，一次性完成测试是最为合适的方法。因为这时候"接近"完成任务是毫无意义的。

下面是一款高校订餐应用，如图 2-6 所示。该产品的核心设计点是通过按时间段分配食物来解决学校上下课时间集中，用餐高峰期供应压力巨大的问题，这里以其中一期的可用性测试作为案例。

图 2-6　高校订餐 APP（Cafood 项目）

在任务开始前需要先定义完成状态。应用中明确的完成状态是"使用移动设备查看当日某家送餐店中 3 种肥牛午餐所需的费用并做记录"，而"学会如何用手机查看某家送餐店中 3 种肥牛午餐所需要的费用"则属于不明确状态。在订餐过程中，被测者或者订单成功或者订单失败，没有中间值可选。

为了在后期方便处理数据，在统计一次性时，通常会设置完成为 1，设置失败为 0（这种计分方式在现场比较快捷），有了数字得分，可以很容易的操作平均值以及其他所需要

---

① 杨焕. 智能手机移动互联网应用的界面设计研究[D]. 武汉：武汉理工大学, 2013.

② 潘越. 基于可用性研究的 O2O 电子商务网站界面设计[D]. 重庆：重庆师范大学, 2013.

的统计值,如图 2-7 所示。

任务	人员								
	A	B	C	D	E	F	G	H	I
任务1	1	1	0	0	0	0	0	0	1
任务2	0	1	0	0	0	1	1	0	1
任务3	0	1	0	0	0	0	0	1	1
任务4	1	1	1	1	1	0	1	0	1

图 2-7　现场计分表格

这种统计方法的便利之处在于,设计师可以将被测者进行分类,通过分类统计完成的概率,找出产品在可用性中的问题,具体的分类内容如下:

- 使用频率(包括经常使用的和不经常使用人);
- 使用产品的经验;
- 年龄分布;
- 文化水平;
- 专业领域(产品解决的问题在产业链上、下游中扮演的角色)。

当被测者完成不止一个测试任务时,设计师可以计算每个被测者完成任务的百分比,通过对比同一类被测者完成任务的比例,形成一个连续的数据,如图 2-8 所示,通过数据的差异化对比来发掘设计的问题所在。例如,在食堂订餐应用的测试中布置了 4 个任务,任务在本科二、三年级学生中完成的比例很高,而在一、四年级的学生中完成的比例很低,那么就很有必要再针对一、四年级学生进行细化内容的二次测试,寻找群体之间的完成任务比率差距产生的原因,然后根据每个类别特征的不同,再次进行迭代测试并统计数据,探究群体内部未完成任务的因素,以完成后期的改版定稿。

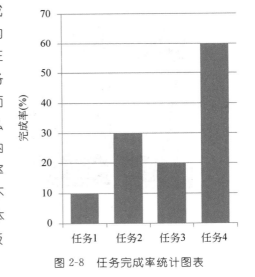

图 2-8　任务完成率统计图表

在统计过程中,通常以任务作为分类标准,可以体现出每个任务的完成情况,有利于在后期迭代过程中对比数据,如图 2-9 所示。

(2)阶段性完成。除了一次性完成测试之外,阶段性完成评价法经常用于测试一些灰色地带,被测者也可以从某些部分完成的项目中获得价值,而不用等到任务结束。本书

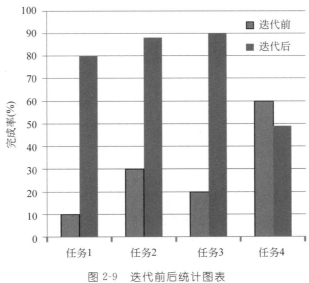

图 2-9　迭代前后统计图表

介绍的方法并不是让方案无懈可击，而是让产品使用起来更加容易[①]。

在案例中，被测者预定 3 个人的午餐，每人包括两份素菜和一份荤菜，价格在 15 元之内。如果被测者找到的是 3 份素菜，每份都为 22 元，按照一次性原则，这次操作就是失败的。如果所有结果均严格按照这个标准执行，一些重要的信息就会被漏掉。被测者已经完成了绝大部分任务，对于使用效果而言，这种"接近"任务的成功也是可以被接受的。对于很多产品来说，任务接近完成同样是有意义的，而且在接近终点时面临的困难也会给后续的迭代设计带来重要的参考价值，如图 2-10 所示。

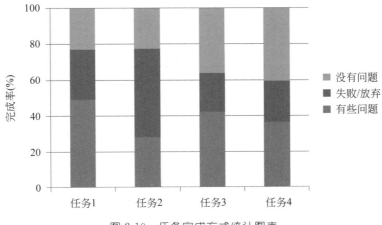

图 2-10　任务完成方式统计图表

① KRUG S. 妙手回春——网站可用性测试及优化指南 [M].修订版.王楠楠，译.北京：人民邮电出版社，2014.

计分方式:

$$一次性(无帮助) = 1.0 分$$
$$部分完成 = 0.5 分$$
$$失败 = 0 分$$

、这种计分方式可以很容易地获得一个关于测试成功与否的得分,便于在后期处理数据的时候计算均值。

■ 2.3.3 错误结点型

错误结点型测试通常都是在前面提到的两个基本类型测试之后进行的精准测试。在以成功、失败为参考系的测试中,尽管很多被测者可以冲破重重阻碍最终完成任务,但是干扰因素依旧存在的。被测者是否因为处在测试环境而提高了自己的容忍度?在任务成功完成的背后,产品是否真的完美无缺?显然,答案是否定的。被测者在测试过程中通过以往的使用经验以及一定程度的运气不断进行矫正。错误结点型测试关注的内容是找到这些让被测者困惑、迷失的结点,即找到被测者在完成或者失败过程中的阻力结点,精准定位产品缺陷。

测量错误不是对所有测试都有意义,当存在以下 3 种情况时,可以采用错误测量的方法。

(1)当出现错误的环节影响产品成本的时候。例如,在讲述任务成功型方法时所讲的订餐案例中,频繁出现顾客下单与送餐不符合的情况。

(2)当某个错误显著影响产品运行效率的时候。例如,一旦在某一环节输入有误,系统即返回起始页重来或者在完成一系列环节之后让用户迷失。

(3)当某个错误将导致任务失败时。例如,在某选项被点击之后会误导用户购买错误产品。

下面是一款移动应用产品的竞品分析案例,这个项目是对一款名为 nice 的社交应用软件中浏览、点赞和关注环节进行测试,共有 5 个步骤完成测试:

① 从静止图片中启动标签;

② 完成界面的瀑布流浏览;

③ 启动品牌标签;

④ 完成对品牌标签中某个图片的点赞;

⑤ 完成对浏览过的这个用户的关注。

这 5 个步骤分别反映了人们使用图片类社交应用的心理反应逻辑,即先粗略浏览再深度阅读,接着对某个项目进行操作,最后对浏览的这个用户完成关注。虽然这个任务是由 5 个步骤来完成,但是在实际操作过程中,用时是非常短的(1 分钟以内)。在任务成功型测试中,这只不过是其中的一个测试任务,采用错误型测试进行二次检测的原因在于,一个任务的失败在成功型测试中只显示为一个结果，而在错误型测试中却可以分步审查，找到那个失败曲线的高峰，如图 2-11 所示。

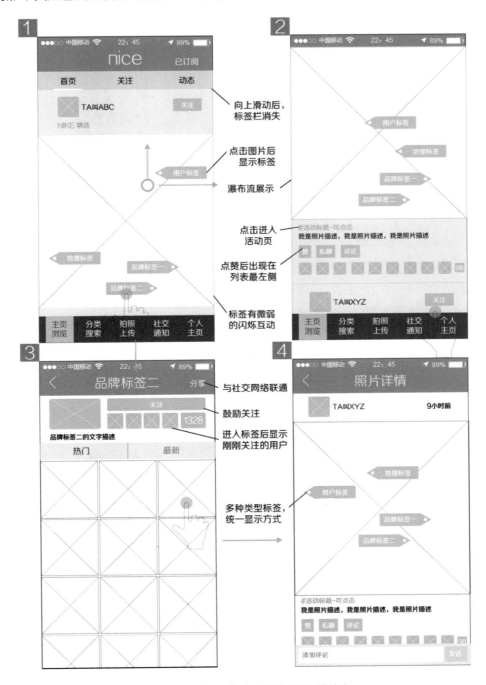

图 2-11　NICE 社交应用的错误型测试

每当被测者操作出现错误或者失误（点错位置或者没有反应）的情况时，记为一次，可以用手机录屏设备来完成,没有条件时也可以使用人工观察的方式进行记录。

在错误统计中,可以采用如图 2-12 所示的图表统计错误出现的环节和频率。

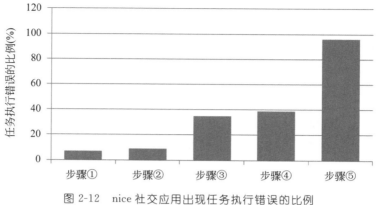

图 2-12　nice 社交应用出现任务执行错误的比例

可以发现在步骤⑤中出现了相当高的错误比例,绝大多数被测者在完成了上面 4 个任务之后都没能成功关注这个已经被浏览过的用户标签。后期分析发现,其原因在于该版本中的信息架构纵向过于深入,很容易让被测者产生迷失,无法快速退回到自己的起始页面,这也是后期版本更迭当中需要解决的问题。

■ 2.3.4　步骤效率型

步骤效率型测试是针对产品使用过程中任务的完成步骤进行的测试。在效率类测试中,通常以消耗的时间作为唯一参照,完成任务所使用时间越少即效率越高,但是在对同一任务的不同解决方案进行对比时发现,时间是一个十分笼统的概念,被测者的使用经验会对使用时间有重大影响。完成某一固定任务的步骤多少可以量化为被测者付出的努力多少,需要的步骤越多,被测者需要付出的努力也越多。步骤的量化可以为流程设计提供参考,应尽可能使常用功能的完成步骤减少而整体操作模块不变复杂。

针对效率的测量有几个方面需要注意。

(1)明确产品的操作方法。对于移动应用产品,被测试的使用方式可能是点击或滑动;而对于 PC 端产品,被测者可能更多的是用鼠标,在实体产品当中,可能更多的是对按钮的操作。对这些操作方法的确定,是记录效率的基本条件。

(2)定义动作的开始和结束。有的操作过程可能瞬间即可完成,例如点击;有的动作需要一段时间才能结束,例如网页的下拉操作;有的操作动作会有明显的开始和结束节点;有的动作定义起来会比较难。

(3)计算动作的数目。如果测试动作频率不高,则可以采用观察法等记录动作数目;如果已确定动作发生频率很高,那么测试者就必须采用电子设备自动测量,尽可能避免观看几个小时的录像记录动作数目。在计算动作数目的过程中需要注意的是，记录的动作要有意义。例如在测试过程中一个任务的某一环节时，被测者可能多次连续点击，而其中的有效点击只有一次，那么这次的记录数目就是一次。

（4）在记录测试的过程中，只能对成功完成任务的动作进行计数，否则只用操作数来计算效率就会失去意义。

在数据统计中，通常采用柱形图的方式，如图 2-13 所示。讨论在不同方案中，不同用户在单位时间内完成任务所用的步骤数，在列出标准数值之后，比较被测者的平均步骤数与其之间差距，必要时可以与该群体的容忍度进行比对，观察是否影响了用户体验；再对被测者群体进行细化，分析问题产生的原因。

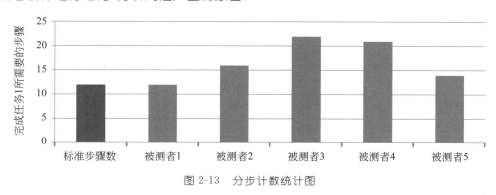

图 2-13　分步计数统计图

另外一个效率比较的方法是在数据呈现过程中对完成任务使用的时间和完成率进行分析，效率的核心测量是任务完成率与每个任务平均时间的比值，这反映了单位时间内的任务成功完成的比例。

下面是一款社交应用软件的提案初稿。这是一个 VIP 用户申请环节的重新设计，目的在于提高 VIP 用户的购买比例，在重新设计之前，需要进行数次测试以确定修改的方向，如图 2-14 所示。具体测试步骤如下：

① 查看 VIP 1 的特权介绍（包括文字和图片）；

② 查看 VIP 2 的特权介绍（包括文字和图片）；

③ 查看 VIP 3 的特权介绍（包括文字和图片）；

④ 能够复述 3 个等级之间的区别；

⑤ 按照自己利弊权衡，选择某个等级进行购买。

如表 2-1 所示，根据统计结果对任务 3 和任务 4 的完成率进行比较，虽然任务 4 的完成率达到了 90%，任务 3 只有 85%，但是任务 4 的完成时间为 1.4 分钟，而任务 3 只有 1.2 分钟，任务 4 的 64% 明显低于任务 3 的 71%。

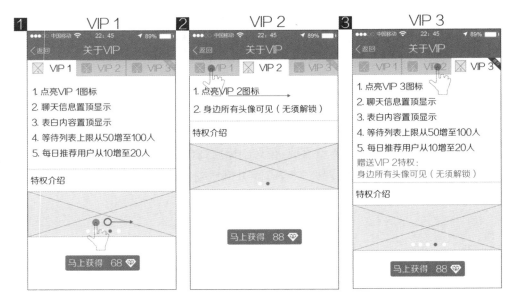

图 2-14　VIP 购买提案

表 2-1　效率百分数统计表

任　　务	完成率（％）	任务时间/分钟	效率（％）
1	33	1.3	25
2	49	2.1	23
3	85	1.2	71
4	90	1.4	64
5	65	1.5	43

再整理出条状统计图，如图 2-15 所示。图中，任务 2、任务 3 和任务 4 显示的差距更为明显。

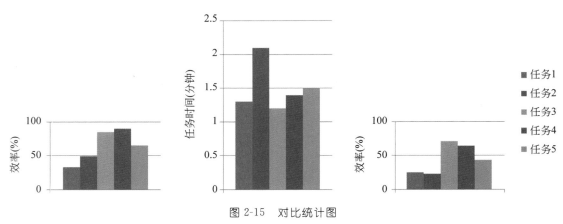

图 2-15　对比统计图

可用性测试是可用性研究中有效的度量方法,可以作为可用性研究后续报告的实践基础,在评价产品是否足够成熟以至可以发布的过程中,起到检测、纠正作用。其低廉的成本和快速反应机制为产品的后期迭代起到积极的指导作用。

可用性测试主要有 4 个类别,其中任何一种测试类别都是基于被测者行为研究的,都是根据不同的关注点,对用户的行为进行量化,以完成对某一方面的分析。

(1) 成功概率型。在成功型测试中,需要给被测者一个明确的任务完成标志,使之可以一次性或者分阶段的达到目标需求;再根据被测者人群和任务难度的不同分别统计,得出每个任务在不同背景人群下的成功率。

(2) 时间消耗型。时间型测试顾名思义,核心是针对被测者操作使用时间进行分析,把每个任务使用的平均时间和标准时间进行比较,找出多余时间耗费的原因;可根据被测者的容忍度,将任务化整为零,降低每个小任务的耗费时间,增加任务完成状态提示,提高用户体验。

(3) 错误结点型。错误型测试关注的是被测者的出错点,一个任务的失败可能有多种原因,通过错误型测试可以找出其具体的失败根源。

(4) 步骤效率型。步骤效率测试关注的是被测者完成某一任务所需要的步骤和时间。一个任务如果在无限时间内由无数步骤试错完成显然是不现实的,综合分析任务完成的比例与所用时间,才能真正反映被测者为完成某个任务所花费的精力。

以上 4 种可用性测试都有各自特点且每一种方法都不能独立完成可用性测试的全部要求,只有把它们结合起来,才能充分发挥各自的特点,相互弥补不足。

■ 2.4　可用性测试的应用

■ 2.4.1　准备阶段

1. 任务设计

测试计划的质量会直接影响测试效果和工作效率,而任务设计则是测试计划的核心[①]。测试任务是在实验室环境中让被测者使用产品,目的是让被测者在合理动机的驱动下,展示各自的操作过程。在可用性测试过程中,主持人经常会给被测者布置一系列的任务,通过被测者的操作来发现产品中存在的问题。

通常,测试经验较少的研究人员的习惯做法是,把产品的各项功能逐项写成相应的任务。常见的方式是"第一步,请你完成××××操作"。这种方式本身并没有错,但是容易让人产生为了让被测者使用某项功能而设计任务的错觉。其实,比功能更重要的是用户

---

① 　梁华坤,张丽霞,何志杰,等. 可用性测试平台[J]. 计算机工程与设计,2010,03：634-637.

的使用目标,所以研究人员在为产品(尤其是陌生产品)设计任务的时候,必须不断地问自己:"测试任务是否真的反映了用户的实际目标?"

常用的设计步骤如下:首先确定使用哪种类型的测试,是迭代型的还是检验型的;迭代型测试通常开始于产品初稿的诞生期并伴随整个产品的演进和改良,通过反复地细化人群和任务,为每一步修改提供必要的参照;检验型测试通常是在产品已经完成后进行,需要通过测试来确定最终产品对用户需求的满足程度;在竞品分析时,检验型测试可用来分析其他同类产品的优劣。两种测试方法中,迭代型测试的细分明显、成本低,容易快速制订和执行;一款产品一般只进行一次用检验型测试,该测试规模较大,过程制订烦琐,相对成本比较高。

在确定测试类型之后,需要明确测试目的。《用户体验度量》[①]一书中列出了常用的10 种情况,在实际测试中未必会用到这么多,主要有以下几个。

(1)新业务的完成情况。在新开发一个项目之后,亟需检验这个项目的流程是否合理,此时任务完成型测试就很适合。

(2)比较产品或者功能点。在产品迭代过程中,无论是整个产品思路还是具体的某个功能点,自身的比较和竞品的比较都经常用到。

(3)导航和信息架构的比较。导航和信息架构是移动应用类产品中常见的测试项目,在信息架构的测试中,被测者就像是在完成一系列寻宝任务,通过分析寻宝时间、路径和走错的路口来完成可用性测试,此时最适宜用效率型测试。

(4)发现问题。通过引入非设计团队的人员,可以在测试中发现在原有团队内部测试时发现不了的问题,这在错误型测试中尤其明显。将一个失败的任务拆分、细化,查看用户在哪个点出现问题,才能有针对性地进行重新设计。

在明确了基本的测试目标之后,需要给出一个简要的任务清单,其中要用简单的词语来描述测试中涉及的任务(主要是给内部人员看的),这些任务必须是测试目标最重要、最核心、最易出问题的地方。

对任务清单按重要性排序和筛选后,将任务变成场景。场景就是主持人让被测者听或者看的内容。因此必须包含用户的目标和动机。

确定操作任务需要的条件,例如创建一个新的用户账号、准备必要的文件等。

最后是预测试。预测试的目的是熟悉场地布置和对测试情景进行模拟,及时发现任务设计的问题。预测试可以与其他小组成员一起快速完成,如图 2-16 所示。

在设计任务时应当注意以下几方面。

(1)避免制订的任务过于精细。在真实的使用情形中,被测者不可能获得实时的"帮助"来引导自己操作,所以任务精细到一步一步"引导"被测者进行操作,就不太符合现实,

---

① TULLIS T,ALBERT B.用户体验度量 [M] .周荣刚,译.北京: 机械工业出版社,2009.

图 2-16　场景布置图

而且过于控制被测者的操作步骤，会使被测者缺乏使用时的真实感和灵活性。

任务设置的细致与否必须由测试的目的确定。如果产品处在设计的初期，需要关注的往往是一些宏观问题（例如应用的整体架构、导航和分类的合理性、页面的逻辑关系等），此时更需要通过宽泛而有弹性的任务来查找宏观层面的问题；如果产品的设计已经开始进行产品细节的修改过程，此时就需要设置相对具体的任务来查找特定的细节问题（例如对某个名称的理解、按钮的使用、链接的点击、表单的填写等）。

按照《Don't make me think》[①]一书的观点，多数人在使用互联网产品时仅仅满足于能用就行，不会追求最好的方法，只是浏览而不是阅读，所以宽泛而有弹性地设置任务更吻合实际情况，但是被测者很可能会直接跳过想测试的细节，而使测试失去价值。

在实际项目中，由于时间和资源的限制，一般无法做到每个产品都从设计初期到上线前后进行多次可用性测试，这就要求在一次可用性测试中同时关注宏观和细节的问题，此时就需要与产品经理、交互设计师反复沟通，在保证测试主要目的的基础上权衡任务设置的精细程度，使次要目的尽量得以满足。不过，即便是以测试细节为目的的任务，也要尽量避免"直接指导操作"式的语言描述，使任务与真实使用情境不至于相距太远。

（2）避免任务量过大。任务数量的多少与可用性测试的考察范围和任务的精细程度有关。对网站进行全站考察和只对其中某个页面、某个操作流程进行考察，所需的任务数量自然不一样。在同样的考察范围下，任务设置得越精细，所需任务数量也就越多。

设计任务时，要考虑到任务数量过多可能带来的弊端——学习效应和疲劳效应，这会使得整个任务表单中靠后的任务受到影响，因此需要对测试的任务数量进行控制，以确保正式测试时间最多不超过 1 小时，加上前后的欢迎语、访谈、问答等，整个过程不超过 1.5 小时。此外，任务数量增多还会间接引起被测者的减少。

---

① Steve KRUGS, Don't Make Me Think [M]. [s.l.]: New Riders Press, 2005.

（3）尽可能全面覆盖产品功能。在设计任务前要预先列出一个任务清单，确定要达到的目的；在任务设计完成后，要逐项对照，确保任务覆盖到所有关注点。

（4）使操作舒适自然，符合常态。任务的顺序要尽量符合典型的操作流。在订餐的例子中，操作流一般是"登录—查看菜品—订餐—完成订单—评价"，所以要尽量避免让被测者感觉到突兀。

（5）适当添加一些剧情。测试任务是在实验室环境中告诉被测者使用产品的动机，为了让动机描述得更加合理，经常会把任务设计得"剧情化"一些，使被测者在产品使用时有身临其境的感觉。

2. 人员培训与选择

人员包括两类，一是经过培训的测试人员，二是参与被测者选拔的人员。

无论是小批量抽样的可用性测试，还是大规模的测试，实验室或者现场的角色往往都不止一个人，为了客观记录现场以及方便后期数据的整理，需要对被测者进行培训，以避免出现大规模的数据重排和报废，具体的角色人物会在后面进行详细介绍。

在可用性测试中，被测者的选拔会对结果产生重要的影响，因此在测试的准备阶段要筛选出最有代表性的群体，通常由 3 个步骤完成。

（1）确定选拔标准。为判断某类人是否有利于完成可用性测试，需要设定严格的标准，包括各种特征，例如互联网使用情况、受教育程度、薪资状况等。

（2）确定招募人数。富有经验的研究人员一般都会知道，如果人员选拔得当，每次测试的结果一般在 5～8 个人时就会完全显露出来，所以当测试资源有限时，选 6～7 人是合理的；如果是分组分类型的检验型测试，每组可以安排至少 4 人完成。

（3）招募人员。免费测试在目前的市场条件下很难实现，有偿测试是行业里的普遍规则；在有福利补偿的条件下，被测者会更有耐心地完成测试的全部内容；付现金往往成本比较高，通过论坛和社区内的虚拟优惠赠送既可以起到酬劳的作用，同时也帮助了产品的宣传。

3. 实际案例

在江南大学食堂订餐系统的测试中，团队成员曾经遇到过一些障碍。由于大多数成员并不是手机订餐的目标用户，而是经常徒步或者骑车来到餐厅就餐，对手机订餐几乎没有需求，所以很难想象用户是出于什么样的动机来使用这款产品。这时候便出现了几个疑问：

（1）这款应用是为什么人设计的？

（2）他们最常使用哪些功能？

（3）他们会怎样使用这些功能？

（4）对他们来说，功能与功能之间有什么样的关系？

为了理清头绪，团队成员采访了几位习惯在宿舍用餐的同学。从他们的反馈中发现，对手机订餐有需求的用户往往在宿舍或者工作室时间较多，由于习惯了连续工作，所以习惯用手机订餐；另外一个比较突出的群体是在实验室做实验的同学，他们经常要连续几个小时不间断地观察数据。于是便有了以下的任务设计。

准备：在手机上打开测试软件，随意操作，熟悉订餐软件的功能和操作（将软件视为自己刚刚下载）。

场景 1　登录浏览。

（1）在手机中点击图标打开软件。

（2）输入用户名和密码。

（3）自由浏览。

场景 2　订餐。

时间：中午。

地点：实验室。

事件：你拿出手机，为同小组的 3 个人订午餐，由于就餐时间晚，所以要求是越快越好。

（1）设置所在位置，设为默认地点。

（2）浏览默认菜单，按送达时间速度排序。

（3）在前三位中选择两个套餐。

（4）A 套餐订两份相同，B 套餐订一份。

（5）完成订单确认。

场景 3　催单。

时间：中午。

地点：实验室。

事件：刚刚为同小组的 3 个人订过午餐，由于某些原因，午餐未按照预定时间送达。这时，打开手机，准备使用催促加急功能。

（1）打开软件，找到刚刚订好的两份套餐。

（2）找到下单时间和预计送达时间。

（3）使用催促下单功能。

4. 任务设计的质量测试

任务设计出来后，一般要经过 1～2 次试测。这点和做产品是一样的。自己不一定是目标用户，所以任务设计的好坏需要由目标用户来检验。

Nielsen 在研究中发现，5 个被测者可以发现 80% 以上的可用性问题。这个结论的依据是假设所有问题被发现的概率是相等的,每个平均可以发现30％的可用性问题,如图2-17所示。

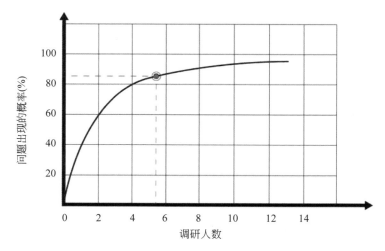

图 2-17　调研人数与问题出现率曲线

在用户招募阶段,比被测者人数更重要的是被测者的代表性。能否招募到有代表性的被测者将直接影响可用性测试的成败。例如在测试一个医疗软件产品时,招募到医护人员和患者作为被测者,5位被测者基本就可以满足测试需求;但如果只招募的是医院的实习生,就必须有超过5位以上的被测者(即便这样,也未必能代表整个产品的用户群)。

由此看来,招募被测者的人数和任务的数量、精细程度、被测者的代表性是息息相关的。一般来说,当可用性测试范围限定在一定的范围(20个任务或30个页面之内),且招募到很有代表性的被测者,那么5位被测者就足够了;如果存在着差别较大的亚群体,要争取做到每个亚群组中有5位有代表性的被测者。当然,这些测试者的特征及分类应该是在可用性测试之前的用户调研阶段就解决了。一般情况下,一次测试最多不要超过12位被测者。

例如,在江南大学餐厅订餐的手机应用中,进行了3次测试,在被测者的招募上遵循了以下4点:

(1)有智能手机移动应用使用经历;

(2)有移动订餐需求;

(3)有过在线订购使用经历;

(4)使用过手机订餐功能。

■ 2.4.2　进行阶段

1. 确定角色

在被测试者到来之前,应明确会场内工作人员的分工,包括主持人、记录员、观察员、仪器操作助手等。

2. 角色任务

(1)主持人。在测试开始之前,主持人需要讲解测试的主体脉络,包括测试项目和使用时间,目的在于使被测者放松。在很多时候,可以不透露测试的目的,以免被测者为了取得更好的成绩而采取与平时操作不同的步骤。

鼓励出声式思考,即把头脑中思考的过程说出来,这有利于在被测者认知的过程中找到出现问题的环节,如图 2-18 所示。

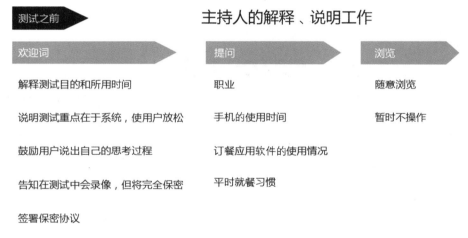

图 2-18　主持人的解释说明工作

在测试中,主持人需要掌握测试的节奏,包括每个子任务的简要说明和完成办法,如图 2-19 所示。测试中需要注意的问题是,在被测者犯错的时候不能用任何方式提示,以免干扰被测者的行为记录,但可以鼓励用户尽可能完成任务;注意被测者情绪,在出现厌弃和沮丧情绪时应停止任务,以便于开展下一步工作。

在测试后,主持人需要对被测者表示感谢并给予报酬,在将被测者送出门后应立即清点现场记录,对不明确的案例进行明确,以免之后随着记忆模糊而更无法确定,收集保存文件后要准备下一场测试使用的产品,如图 2-20 所示。

(2)记录员。现场记录员的核心工作是记录被测者在测试过程中的行为、产生的问题以及通过出声式思考所获得的想法,尽可能在现场完成每个测试任务的记录,避免事后翻看大量视频录像。测试结束后,记录员的核心工作是原封不动地传达,如图 2-21 所示。

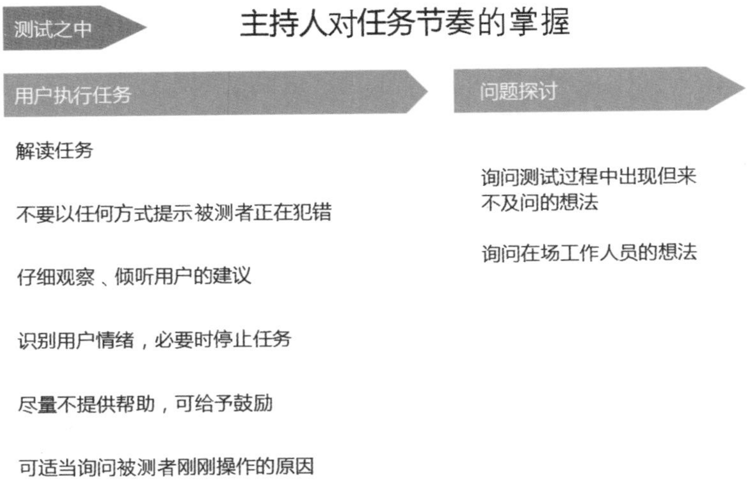

测试之中 ➤ 主持人对任务节奏的掌握

用户执行任务 ➤   **问题探讨** ➤

解读任务

不要以任何方式提示被测者正在犯错

仔细观察、倾听用户的建议

识别用户情绪,必要时停止任务

尽量不提供帮助,可给予鼓励

可适当询问被测者刚刚操作的原因

           询问测试过程中出现但来不及问的想法

           询问在场工作人员的想法

图 2-19　主持人对任务节奏的掌握

测试之后 ➤ 主持人的收尾记录整理

答谢 ➤   **准备下一场测试** ➤   **组织大家整理记录** ➤

感谢被测者   休息

给被测者报酬   收集、保存录像文件

送被测者离开   清楚记录,准备产品

图 2-20　收尾整理任务图

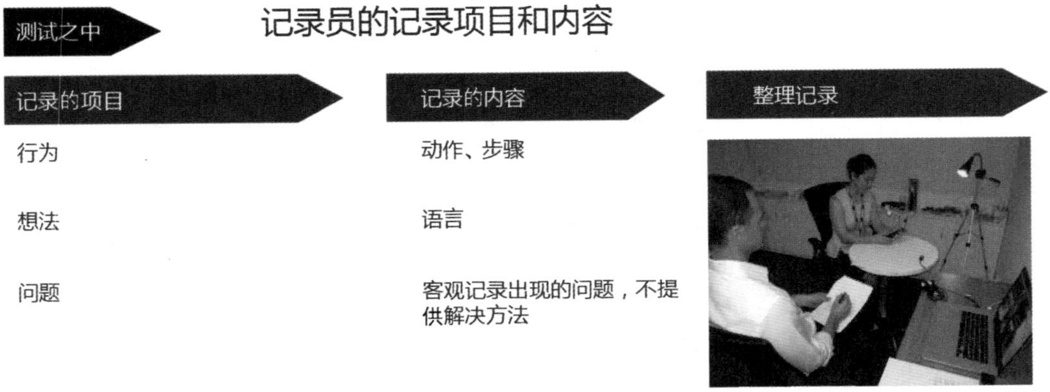

测试之中 ➤ 记录员的记录项目和内容

记录的项目 ➤   **记录的内容** ➤   **整理记录** ➤

行为   动作、步骤

想法   语言

问题   客观记录出现的问题,不提供解决方法

图 2-21　记录员任务

（3）观察员。观察员在整个测试中，主要负责观察被测者的行为顺序并辅助主持人完成测试。与记录员的客观记录不同，观察员记录的是比现场情形更为主观地叙述和描述，例如当有的被测者是跟随他人完成的任务时，虽然记录员记录下该被测者完成了任务，但是观察员记录的是该被测者看到其他被测者的操作并受到启示才完成了任务，如图 2-22 所示。

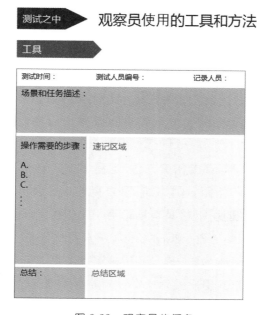

图 2-22　观察员的任务

3. 记录问题

在测试结束之后，主持人、观察员、记录员等现场测试小组人员要立刻对刚刚观察到的情况予以总结和确认，方法是建立一个新的文档或者以"分—总"的方式记录要点，然后整理。要注意的是，应该只记录观察结果，暂时不讨论，不急于得出结论，如图 2-23 所示。

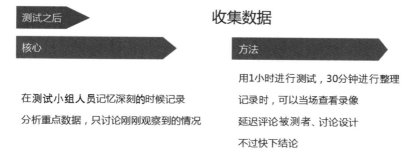

图 2-23　收集数据

在所有测试完成后，整理所有的便利贴、列表等，然后找出其中最严重的问题，快速地修复它们。在这一环节中，工作重点是要一再地明确哪些问题才是最重要且可以马上修复的，这样获得的测试结果才是可执行的，才不会变成了一张存档的问题列表。

■ 2.4.3 分析阶段

1. 分析问题

在记录了问题之后，便可进入分析阶段。首先需要判断问题的真实性，多数或全部被测者都遇到的问题毫无疑问是明显的可用性问题，但是有的研究人员建议根据被测者中发现该问题的人数与总人数之比来判断：比例高是真问题，比例低是假问题。比例高说明了问题的普遍性，而比例低也不代表问题是虚假的，往往代表了用户的潜在需求。

虽然可用性测试是相对严谨的研究方法，但是其对无关变量控制的严格程度和真正的心理学实验还有一定的差距。例如，心理学实验对每组被测者人数的最低要求是30人，这样得出的结论（数量比例）才具有推论至一般的意义；而可用性测试的被测者一般才8人左右，尽管招募的参与者在质的方面非常具有代表性，但却无法把可用性测试中出现的所有数量比例简单推论至一般。8位被测者中有1位发现某个问题，不代表未来现实中出现同样问题的真实用户只有12.5%，更不代表这个问题不是严重的可用性问题。

问题的真假除了发现该问题的人数占总人数的比例，还有另外一个很重要的因素——被测者"错误行为"背后的认知和思考方式是否合乎逻辑。

诺曼在《设计心理学》一书中谈到的理论：概念模型——系统表象——心理模型。

（1）概念模型是产品设计人员对产品的设计思想。

（2）系统表象是现实产品所展现出的交互操作界面。

（3）心理模型是使用者按照既往的使用经验对如何操作该产品进行的设想。

从这个角度来分析，可用性问题实际就是概念模型、系统表象、心理模型三者之间出现了认知摩擦。

通过分析使用者行为背后的认知是否符合逻辑来判断问题的真假，主要体现在以下几点。

（1）概念模型与系统表象不一致。

在实际使用中，产品设计师发现产品原型（即交互界面）和他们的设计思路不完全一致。

（2）系统表象和心理模型的不一致。

首先，使用者的思维方式会受使用过的同类产品的影响，并内化接受，而新产品的系统表象和已有同类产品并不一致。

其次,使用者在日常生活中形成了许多自身通俗理解世界的方式(比如通俗物理学、通俗心理学),但是产品设计人员没有意识到他们在用这种"错误"的认知方式来理解和使用产品。

如果发现的可用性问题属于以上情况,即使只有一个被测者发现,也可能是一个真正的可用性问题。

例如,让被测者使用一款跑步类的移动应用来查看自己上次跑步消耗的能量。大多数被测者点击"个人中心"去查看,而有两位被测者点击"跑步里程"查看,当发现只有总里程,没有任何能量消耗信息后,再去点击"个人中心"。仅两位被测者在操作过程中出现了稍微的偏差而且很快就找到了正确的页面,这貌似不算什么问题,但是若追究其行为背后的逻辑并与其他被测者的反馈("我上次跑步消耗的能量没有直接显示出来?""这里看不到跑步总里程啊?")联系起来,可以判断出使用者的心理模型和产品的系统表象不一致,他们希望能够同时对照着跑步里程和自己消耗的能量很方便地核对,而应用软件却将二者割裂后放在不同的页面,因此需要将这两位被测者碰到的问题当作真正的可用性问题来对待。

2. 问题量化

可用性测试实质上结合了定性方法和定量方法的特点,两种方法所占比例的数值,要看测试小组的使用目的以及在细节上如何操作。

定量研究的思路是基于对一定数量样本的测量,将研究所得的结论推广至总体。除了强调样本的代表性,还对样本的数量有具体的要求,同时会考虑抽样误差、置信度、置信区间的度量。定量研究过程中非常注重对某些自变量操控、及无关变量的控制。

定性研究重视对主观意义的理解,探究表象背后隐藏的原因,可采用访谈法等解释建构的方法,如表 2-2 所示。

表 2-2　迭代式与测试式可用性测试的区别

比较项目	迭代式可用性测试	测试式可用性测试
目的	在产品迭代过程中,通过测试发现问题,分析原因,汇总之后提出修改建议	根据一系列设定的标准,对产品进行测试
推论	发现的问题和原因要有代表性,但不能草率地推论为该问题具有整体性	测试结论由于其量化保证可以推至整体性
样本	5~8 人的抽样样本	几十到上百人的大样本
指标	问题优先级,可用性问题列表	完成任务情况(时长、结果)、转换率
重点	观察操作和流程	评价和比较
范式	定性和定量都有	定量研究范式

　　由于成本和时间的限制,一般以迭代式可用性测试为主,虽然它稍微偏向于定性研究,但是仍然在允许的范围内尽可能地遵循着定量研究的方法去实施。这样整个测试过程的严谨性能得到保证,结论的客观程度相对更高。

　　具体做法如下:

　　(1) 在任务设置过程中,充分考虑所选样本人群中被测者的彼此差距,不能要求所有被测者完成相同的任务,在基本的公共任务的基础上,针对每个样本人群的特点设置部分特殊任务,在后期整理分析时候,对公共任务进行横向对比统计,对特殊任务进行纵向差异统计。

　　(2) 在测试过程中,关注参与者完成任务时的相关行为,用数字来记录,即以 0、0.5 和 1 分别表示失败、帮助或提示下成功和成功。主试者尽量少用言语及体态姿势,以避免干扰,只需在必要时进行适当地言语交流。

　　(3) 报告呈现。对任务完成情况(效率、完成率)统计呈现,对不同任务的完成情况进行比较,对样本群体间的任务完成情况进行比较,对所有可用性问题按数量化指标进行排序。同时,报告中要反映出在测试迭代设计的前后,被测者完成任务的情况有没有出现改观。

　　例如在一款关于蔬果订购的手机应用产品中,客户端分为农户端和白领端,移动应用的目的在于联接二者,便于无公害蔬菜的购销。在可用性测试中,为了提高效率,避免重复性问题反复出现,设计师设计了 4 类问卷:两类问卷针对卖菜的农户,两类问卷面向订菜的白领。

　　农户 A 卷的主要问题是围绕让农民上传图片和回答用户提问,而农户 B 卷的问题除了使用主要使用功能之外,添加了让农民创办采摘活动这一附属功能,这样就可以在同样的时间里完成更多任务的测试,如图 2-24 所示。

图 2-24　农户采访图

3. 问题优先级

在可用性测试的过程中,最终报告也必须体现出量化、客观的特点。报告中的可用性问题列表以量化数据的方式排列出了问题的优先级别。这样做的优势如下。

首先,可区分出各个问题的严重程度;其次,考虑到产品和设计人员的精力和使用资源的有限性,必须有工具帮助他们梳理出最亟需解决的问题。站在他人的角度考虑问题,才能使人更"友好地"地接受报告。

可用性问题列表的排序,可以采用分级排列的方法,如表 2-3 所示。

表 2-3　分级排列法

指标	代 表 意 义	常 见 分 级
严重性	影响产品的使用程度	3 级(低、中、高)
出现性	问题出现的频率和可能	3 级(30%以下,30%~60%,60%~100%)
商业性	对商业目标的影响	3 级(低、中、高)
规避性	解决的可能性	3 级(能规避、可能规避、不能规避)

就量化的客观性而言,"出现性"指标是最客观、最易量化的,其他 3 个指标都需要分析人员进行主观判断。就指标的代表意义而言,"严重性"和"出现性"与用户体验最相关,与用研人员的职责也最相关。另两个指标更多的是体现产品人员的职责。

4. 报告呈现

首先,报告的呈现方式一定要优劣并举,因为无论报告将批评条目列的如何详细深刻,对产品的设计人员来说都不是容易接受的,毕竟每个产品背后都饱含设计人员的心血,因此报告中列出了哪怕一条最重要的优点,也会让产品设计人员感到欣慰、感受到报告人的中立态度,增加对报告的接纳程度。列出优点的另一个优势在于,强调出本设计的优点有助于该方式在下一个项目的延续。

问题的列举是报告中非常重要的部分,切勿只罗列出清单就草草了事,具体原因如下:

(1) 某些问题和另外一些问题是有关联的,但是报告中的问题列表割裂了这些联系。

(2) 产品设计人员无法一直参与旁听、观察可用性测试的过程,导致对报告中文字描述的问题缺乏感性认识。

(3) 只提问题而不提供解决方案,就不是"建设性地提问"。

因此,在可用性测试报告的后半部分提出针对重要问题的解决方案,其目的并非是强迫产品设计人员必须采纳方案,而是把一些相关问题联系起来,加深报告阅读者对于问题的感性认识和对背后原因的理解,最终使整个报告的思路更清晰、完整。

■ 2.5 本章小结

可用性测试实施起来既简单又复杂。简单是因为不管如何实施，终究能发现一些问题；复杂则在于发现可用性问题的质量、重要性、对测试的利用效率、对产品设计人员的帮助程度可能相距甚远。一次成功的可用性测试应该在整个过程中遵循上述原则，在某些难以两全的原则面前做到合理的权衡与取舍。

■ 本章参考文献

［1］ WILSON C. 重塑用户体验——卓越设计实践指南［M］，刘吉昆，刘青，等译. 北京：清华大学出版社，2010.

［2］ 杨焕. 智能手机移动互联网应用的界面设计研究［D］. 武汉：武汉理工大学，2013.

［3］ 潘越. 基于可用性研究的 O2O 电子商务网站界面设计［D］. 重庆：重庆师范大学，2013.

［4］ KRUG S. 妙手回春——网站可用性测试及优化指南［M］. 王楠楠，译. 北京：人民邮电出版社，2014.

［5］ Alan COOPER A. About Face 3 交互设计精髓［M］. 刘松涛，等译. 3 版. 北京：电子工业出版社，2013.

［6］ 梁华坤，张丽霞，何志杰，等. 可用性测试平台［J］. 计算机工程与设计，2010，03：634-637.

［7］ TULLIS T. ，Albert B. 用户体验度量［M］，周荣刚，译. 北京：机械工业出版社，2009.

［8］ KRUG S. Don't Make Me Think［M］. ［s. l. ］：New Riders Press，2005.

第 3 章

目标导向设计方法

通过前期的设计调研，设计人员对产品有了更加明确的目标定位，用户核心需求的满足是设计的目的所在。产品获得成功的关键是目标而不是特性，进入设计实践阶段，应用目标导向的设计方法能够将前期的研究成果转化为实际的设计指导方案，完成产品的设计流程。

本章将介绍的内容如下：

（1）目标导向设计方法及相关概念；

（2）目标导向设计方法的流程。

■ 3.1　目标导向设计方法及相关概念

以用户为中心的设计(User Centered Design,UCD)是从用户的需求出发进行设计,反映到产品上就是通过产品的功能实现用户目标。在设计流程的实现中,由 Alan Cooper 提出的以目标为导向的设计方法是一种更为全面、直接的交互设计方法,如图 3-1 所示。

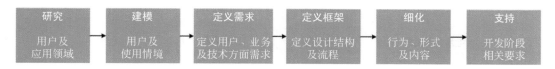

图 3-1　Alan Cooper 目标导向设计过程

以目标为导向的设计(Goal-Directed Design,GDD)是将产品从抽象的概念逐渐向具象的原型和实体过渡。Alan Cooper 提出的目标导向设计流程包括以下 6 个阶段:研究、建模、定义需求、定义框架、细化和支持,具体内容如图 3-2 所示。

(1) 在目标导向设计流程中,用户研究阶段的主要工作是识别用户需求、了解用户目标,是为设计师进行设计决策提供依据。

(2) 建模阶段的主要工作是根据从研究阶段获得的用户数据和研究结果进行虚拟人物角色模型的构建,对用户目标和需求进行更加形象化地描述[①]。人物角色是一个强有力的交流工具,团队中不同的成员可以基于人物角色来了解设计背后的内在原因,同时从各自的角度去审视设计的效果。人物角色(即情景建模)和开发阶段的要求已在前面章节中进行了阐释。

(3) 定义需求阶段的主要任务是为了满足用户的目标和需求,根据人物角色和场景模型的数据确定用户需求的优先级,同时对用户需求、业务需求和科技需求进行平衡处理,力求以最小化的任务目标实现最大化的设计效益。有关用户需求分析的方法在本书第 4 章中会进行详述。

(4) 框架定义阶段的任务是将抽象的用户需求转化为相对具象的设计。Alan Cooper 认为,团队在该阶段需要确立整个产品的交互框架,其中包括交互设计原则和交互设计模式两个方面。依据这个交互框架,将问题的解决方案转化为实际的设计要素,再进行组织规划,建立整体的形式结构。在该阶段,设计人员需要紧密协作,交互设计师需要确定产品的交互原则、交互行为,然后开始原型设计,同时视觉设计师开始着手建立视觉框架和产品整体的视觉风格,这也为下一步的深入细化做准备工作。

| 初始 → 设计 ⇄ 构建 ⇄ 测试 → 发布 |

目标导向设计

		工作活动	关注的问题	有益相关者的协作	阶段性工作成果
研究		**研究范围** 定义项目目标和日程	目标、时间进度、财务因素、进程、里程碑	**会议** 确定能力和范围	📄 **文档** 描述工作内容
		审计 审查现在的工作和产品	商业和营销计划，品牌策略，市场研究，产品线计划、竞争对手、相关科技		
		利益相关者访谈 了解产品的前景规划和各种限制	产品的前景规划、风险可能、各种限制、后勤、使用者	**访谈** 和利益相关者和使用者进行访谈	
		使用者访谈和观察 了解产品的前景规划和各种限制	使用者、潜在使用者、行为、态度、能力、动机、环境、工具、困难	**记录** 初期的研究发现	
建模		**人物角色** 使用者和客户模型	使用者和客户的行为、态度、能力、**目标**、环境、工具、困难等模式	**记录** 确定人物角色	
		其他模型 表示产品在所处领域的因素，而非使用者和客户的因素	**其他模型** 表示产品在所处领域的因素，而非使用者和客户的因素		
需求定义		**情境场景剧本** 讲述关于理想使用者体验的故事	产品如何放入人物角色的生活环境中，帮助他们实现目标	**记录** 确定场景剧本和要求	
		需求 描述产品必须具备的能力	功能需求、数据需求、使用者心理模型、设计需求、产品前景、商业需求、技术	**演示** 进行使用者和领域分析	📄 **文档** 进行产品和领域分析
设计框架		**元素** 定义信息、功能图和表现	信息、功能、机制、动作、领域对象模型	**记录** 设计整体框架	
		框架 设计使用者体验的整体架构	对象关系、概念分组、导航序列、原则和模式、流、草图、故事版		
		关键线路和验证性场景剧本框架 描述人物角色和产品的交互	产品如何适应使用者理想的行为序列，如何迎合其他各种类似的情况	**演示** 设计愿景	
设计细化		**细节设计** 将细节细化并具体化	外观、习惯用语、界面、小部件、行为、信息、视觉化、品牌、体验、语言、故事版	**记录** 进行细节设计	📄 **文档** 进行外形和行为规格说明
设计支持		**设计修正** 适应新的约束因素和时间线	在技术约束发生改变时，保持设计概念的完整性	**协同设计**	📄 **修正** 进行外形和行为规格说明

图 3-2　Alan Cooper 目标导向设计流程（根据《About Face 3——交互设计精髓》重绘）

（5）细化阶段和框架定义阶段的工作内容非常相似，只是更加关注设计的细节实现。此时，视觉设计师需要确定明确的设计风格、色彩偏好等内容，形成清晰的设计规范，这是下一步更新迭代工作的依据。

（6）支持阶段是开发人员将产品功能真正实现的阶段，此时，需要交互设计师和开发工程师及时沟通、解决交互设计和开发实现中的矛盾，调整设计方案。

下面主要介绍目标导向设计流程中的一些方法，主要包含信息架构、交互设计和视觉设计 3 个方面的内容。

■ 3.2　信息架构

信息架构（Information Architecture，IA）主要是对信息进行组织加工，重点关注的是如何将信息传达给用户。在互联网快速发展的时代，各种信息有着复杂多变的形态，用户在庞大复杂的信息空间中很容易"迷路"，所以需要信息架构对信息进行必要的组织管理，保持信息的秩序性呈现。

信息架构形成的设计结构决定了信息单元的粒度[①]和各单元之间的组织、归类及展现关系。信息架构要确保信息的可用性，这是实现 Web 网站或移动应用产品可用性的决定性因素，同时信息架构还需要平衡用户需求和商业目标之间的关系，加强二者之间信息的连接。信息架构中关于信息的组织对于智能化的产品具有普遍指导意义。

用户、内容、情景是信息架构的模式基础，组成了信息架构的 3 个生态环，同时也体现了在复杂的信息生态[②]中三者的依存关系，如图 3-3 所示。

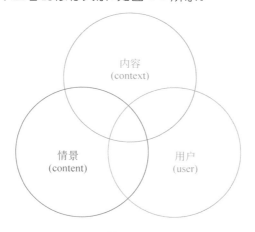

图 3-3　信息架构生态环

（图片来源 http://semanticstudios.com/publications/semantics/000029.php）

---

①　粒度（Granularity）指的是信息单元的相对大小或粗糙程度，用以反映信息的详细程度。
②　由美国管理科学家 Thomas Davenport 提出，将生态理念引入信息管理中，从而开辟了信息管理的新领域。它是以人为中心，关注人们对信息、数据的获取和研究。

用户是产品的中心，是设计的主体。用户的行为偏好反映到网站中便是通过各种搜索获取信息的行为。用户如何使用网站，网站信息如何才会被用户轻松找到等问题都需要对用户的偏好和行为进行深入研究。

内容不仅包括网站所承载的文件、程序、文本等数据信息，也包括网站的格式、结构、服务模式等内容。无论功能定位如何，服务的目标用户是谁，网站都需要为用户提供用户可查看的内容，其中元数据是所有组织系统的基础。

元数据是指信息的信息，是关于每一项信息内容的所有信息。利用元数据，用户能够快速查找到文本、图片等信息。例如，一首 MP3 歌曲的元数据可能包括以下信息：曲名是 Insomnia，艺术家是 Craig David，唱片集是 Greatest Hits，流派为 R&B，长度为 3 分 27秒，比特率为 212kbps，如图 3-4 所示。

图 3-4　歌曲元数据（Windows 平台）

元数据主要包括以下 3 种。

（1）固有性元数据。与事物构成有关的元数据，即实际对象是什么，例如歌曲中的 MP3 格式、5.28MB 大小。

（2）管理性元数据。与事物处理方式有关的元数据，即它是如何使用的，例如歌曲中的艺术家为 Craig David，修改日期为 2012/2/23 15：41。

（3）描述性元数据。与事件本质有关的元数据，用以对类目进行描述。这是最重要的一类元数据，也是网站及用户最常用的一类元数据。

在着手设计 Web 网站或应用系统的信息架构时，信息要以 4 个部分进行组织：组织系统（Organization System）、标签系统（Labeling System）、导航系统（Navigation System）和搜索系统（Search System）。

1. 组织系统

组织系统部分主要关注的是如何组织信息。组织结构虽然无形但却十分重要，它直接决定了用户的操作行为。组织系统从横向对内容进行分类，从纵向对内容进行层次划分,组织逻辑存在差异化,因此需要考虑各种信息之间的关联以及如何体现。组织系统包括组织体系和组织结构。

（1）组织体系的划分方式有很多,《Web 信息架构：设计大型网站》一书按精确程度将其划分为两大类划分方式：精确性组织方式和模糊性组织方式,如表 3-1 所示。

表 3-1　组织体系划分

划 分 方 式	项　　目	解 释 说 明
精确的组织方式	按字母顺序	源自书籍内容的组织分类方法,在查询类网站应用
	按年表	新闻、杂志、电视剧连载等网站应用中使用
	按地理位置	例如社交应用中的 LBS 功能以及街景搜索功能等
模糊的组织方式	按主题	百科全书式的方式,内容涵盖要广泛,在企业网站中使用较多
	按任务	任务导向型网站,按流程和功能划分,电商类网站应用普遍
	按用户	企业网站使用较多,将用户群划分,提供不同产品内容
	按隐喻	旨在通过熟悉的事物来了解新事物,如应用中各种拟物化图标
	混用	小型的组织体系适用

① 精确的组织方式便于管理,不需要更多的智力投入,也更易于理解。

② 模糊的组织方式比精确性的组织方式使用范围更广,这是因为它更灵活,更符合人们对事物的认知方式。

（2）组织结构分为等级式(至上而下)、数据库模式(至下而上)、超文本(非线性),大众分类(Tagging)。

① 等级式。类目之间是父子关系,同时同一个子层级可以从属于多个父层级。这是一种最为简单和常规的方法,适用范围较为广泛,使用时要注意平衡和整合层级深度和广度之间的关系,如图 3-5 所示。

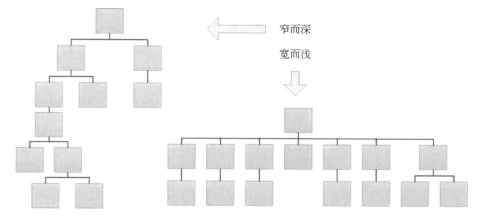

图 3-5　等级式组织结构

② 数据库模式。利用元数据将不同类别的内容进行组织归类，然后用不同的数据块对信息进行展示。数据库结构适用于音乐菜单、企业产品目录、电商网站等具有同质性结构的内容，能够为用户提供不同的入口。例如在图 3-6 所示的淘宝页面中搜索"亲子装"或者"强势特惠"都可以进入该页面。

图 3-6　数据库模式组织结构

（图片来源：www.taobao.com）

③ 超文本。这是比较特殊的一种组织方式。与层级或数据库模式不同的是，它不存在主结构，相互间的内容仅以关系来维持，即内容仅仅通过链接进行关联。

超文本模式是一种无规划的结构，维基百科、百度百科等网站采用的都是这种组织结构，内容之间通过链接形成联系但没有一个主要的核心，如图 3-7 所示。

④ 大众分类。它是近几年随着用户参与型系统网站的发展而兴起的一种组织结构，例如一些个人博客类的网站、图片分享社区 Flicker 等，这些网站充分挖掘了用户的兴趣偏好，满足了用户的需求，如图 3-8 所示。

2. 标签系统

人与人之间的交流是通过语言、动作和其他非语言的形式进行的。网站若要和用户产生交流互动需要通过特定的方式和平台实现，这就是标签系统。语言就是标签系统一种表现形式。

网站或者移动应用产品只是一种连接用户和目标信息的媒介，可呈现出内容与用户进行交流，标签系统用于提供信息线索，正确引导用户、减少认知成本。在向用户展示网

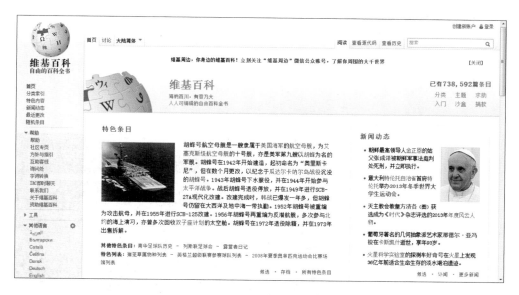

图 3-7　超文本组织结构

（图片来源：http://zh.wikipedia.org/wiki/Wikipedia：%E9%A6%96%E9%A1%B5）

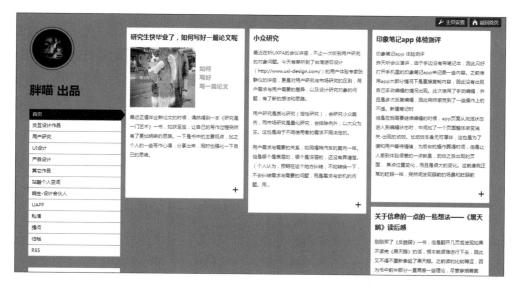

图 3-8　大众分类组织结构

（图片来源：http://fatcatdesign.lofter.com/）

站或移动应用产品的信息组织方式时，标签系统是最直观、最显著的方式，如图 3-9 所示。

标签系统设计的主要原则是统一，即在语言风格、版面样式、语法、粒度、理解性等各方面保持统一性，便于用户理解。例如，在一个企业网站中使用的"产品展示""订购须知"和"联系我们"标签，分别是名词性标签、名词性标签和动词性标签，显然不太一致。

标签有两种形式：文字型和图标型。文字型标签是最常见、应用最多的标签；图标型

图 3-9 淘宝移动客户端与网站标签系统

（图片来源：手机淘宝客户端，http://fediafedia.deviantart.com/art/Omnimo-5-0-for-Rainmeter-158707137）

标签一般在移动应用产品中较为常见，但是也会有必要的文字说明使标签表达的含义更明确。微软公司于 2012 年 10 月 26 日正式推出了 Windows 8 操作系统，系统独特的 Metro 开始界面和触控式交互系统，将图标型标签引入了个人计算机中，扩展了标签系统的适用范围，也为用户提供了更加高效、易行的操作环境。

文字标签是最常见的标签，在 Web 中应用广泛、形式丰富，具体包括以下几种。

（1）情景式链接。情景式链接用以指向其他网站的链接页面或者网页中其他的板块，即进行相应的外链接或内链接。图 3-10 所示为智库百科中的标签，点击后即可进入网页中固定的板块。

（2）标题。标题是表述后续内容的主要方式，较为常见。在设计时要注意系统化和逻辑性，标签所代表的子网站、子版块信息需要按照一定的层级和序列顺序排布。

（3）导航系统选项。顾名思义，它是作为导航系统选项的标签。

（4）索引术语。索引术语主要是针对搜索引擎而设置的，主要使搜索引擎优化搜索和浏览更加便捷。

标签同样是与用户、情景、内容这 3 类变量联系在一起的，如何设计有效的标签是信息架构中比较困难的部分。为了确保所设计的标签表达清晰、明确，《Web 信息架构：设计大型网站》一书中提出了一个通用的设计原则，如表 3-2 所示。

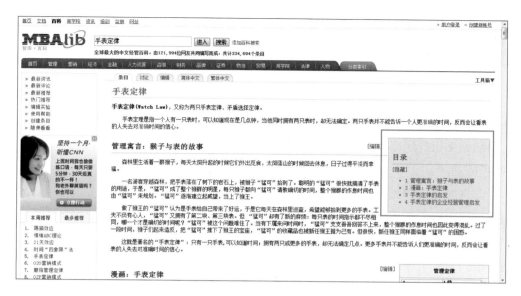

图 3-10　智库百科中的标签

（图片来源：http://wiki. mbalib. com/wiki/%E9%A6%96%E9%A1%B5）

表 3-2　标签系统通用设计原则

原　　则		说　　明
尽量窄化范围		明确用户，窄化标签情景，减少标签可能的意义范围
开发一致的标签系统而非标签	风格	标点符号和大小写的用法
	版面形式	字体、字号、颜色、空白、分组方式的一致性
	语法	在特定的标签系统中选择单一的语法样式
	粒度	让标签的意义大致等同于它们特定的内涵
	理解性	标签内容之间要有一致性，不要有跨越式排列
	用户	注意不同用户所使用的用户语言

3. 导航系统

人们在迷路时会感到恐惧，在网络空间中迷路会耽误很多时间。设计师需要追寻用户的"行踪"，指引其回到初始位置，这时便需要导航系统。导航可以帮助用户确定自己的当前位置，告知如何返回或下一步可以去哪里。

导航可以分为全局导航、区域导航、情景导航、辅助性导航和定制化导航等。

（1）全局导航。全局导航是每个 Web 站点都会展示的导航系统。除特殊情况外，一般都会一直存在于页面的顶端或底端（一些 iPad 客户端）。全局导航的使用密集度和重复性都很大，是 Web 网站信息的核心显示区域，需要重点设计、不断评估和不断测试，如图 3-11 所示。

图 3-11　各种全局导航

（图片来源：http://www.zcool.com.cn/，http://www.coinsay.com/）

导航条的设计风格各异，视觉形式丰富多彩，大部分全局导航都有"回到首页"和"站内搜索"的功能。

全局导航放在顶端或底端的好处是用户在浏览时可以完全关注页面的内容。页面的垂直方向可以向下无限延长，但是在水平方向，导航条却是受限的。所以在移动应用产品和 Web 页面上针对这种情况都使用了一个"More"或者"更多"按钮让用户可以访问更多内容。但有时也有例外情况，有些网站会将导航放在页面两侧，这在个人博客类网站中应用较为普遍。因为它们在用户浏览时一直存在，所以也属于全局导航，如图 3-12 所示。

图 3-12　页面两侧的全局导航

（图片来源：http://en.fantazista.ru/　http://theecologycenter.org/）

在移动设备上，移动应用产品的全局导航更加灵活。它的导航可以被设计成各种模式，如图 3-13 所示。移动应用产品受页面的限制，但是却有更丰富的手势交互操作，相应的导航设计能够更加新颖、多变。

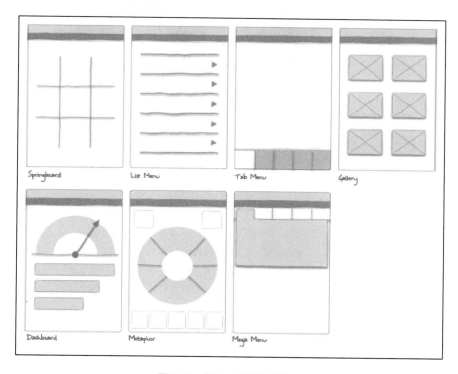

图 3-13　移动应用导航模式

（图片来源：《移动应用 UI 设计模式》①）

（2）区域导航。区域导航是全局导航的一个子集，用以辅助描述全局导航中的部分内容，用户可以在某一全局导航条目下进行更深层的搜索，如图 3-14 所示。对于架构严格的网站来说，区域导航都会与全局导航整合在一起，作为全局导航的展开项目存在。

（3）情景导航。情景导航是基于用户所在位置的信息进行实时引导的导航方式。情景导航处于页面的中间，没有固定的位置。此类导航是一些不适合放入全局导航的内容的链接，指向了特定的网页、图片和文章等。在如图 3-15 所示的电商网站中，产品下方的"搭配套餐"或者"猜您喜欢"等推荐就属于这种导航方式。

情景导航是基于联想式学习而设计的，无法归类于某个特定的导航中。情景导航与页面主要内容具有一定的内在联系，这种联系可以是紧密的或松散的，无须苛求逻辑上的准确和清晰。从用户使用行为上说，这种导航方式具有较好交互性，能够对用户行为和心理产生自然的引导，使服务更加人性化，使页面转化率提高，使企业收益增加。

① NEIL，T. 移动应用 UI 设计模式 [M]．王军锋，郭偲，武艳芳，译．北京：人民邮电出版社，2013.

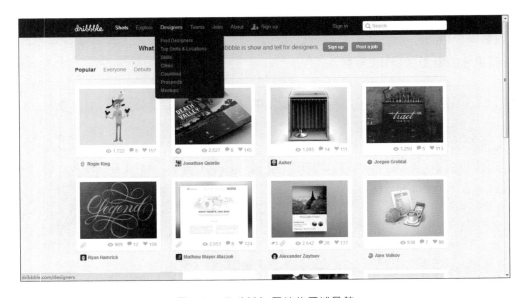

图 3-14　Dribbble 网站的区域导航

（图片来源：http://dribbble.com/）

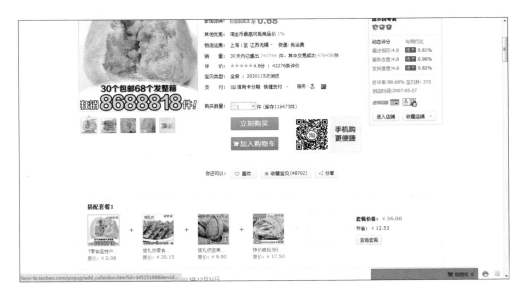

图 3-15　淘宝网页面中的情景导航

（图片来源：www.taobao.com）

（4）辅助性导航。辅助性导航包括网站地图、索引和指南，可帮助用户寻找内容、完成任务，为一些大型网站的可用性和可寻性提供保护支持，如图 3-16 所示。无论网站架构采用什么样的方式，分类中总会有不明确或遗漏的地方，当用户无法在导航中找到目标时，就需要利用搜索和辅助性导航进行搜索。辅助性导航一般会和搜索同时使用。

（5）定制化导航。定制化导航是一种高级的导航方式，给予用户高度的自主控制权，

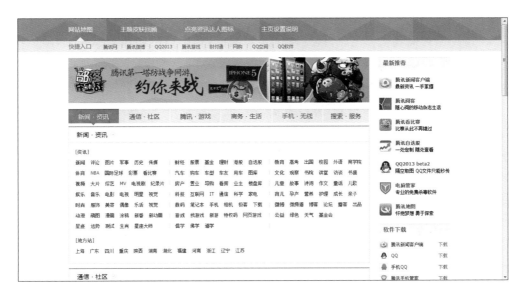

图 3-16　腾讯网页面网站地图

（图片来源：http://www.qq.com/map/）

可以根据个人喜好对展现形式、导航内容进行设置。定制化导航将目标定位于用户需求和导航的组件之上，由用户来告诉网站想做什么，如图 3-17 所示。

图 3-17　百度首页定制化导航

（图片来源：www.baidu.com）

4. 搜索系统

搜索系统关注的是用户如何快速找到自己需要的信息，以最短的时间完成任务。在设计搜索系统时,需要明确如下问题。

（1）网络中存储着很多信息,但是网站是有限的,有自身的信息承载能力,所以不要试图让 Web 网站去满足用户的所有需求。

（2）要根据网站的内容定位搜索系统,并不是所有的网站都需要搜索。

（3）如果网站中增加了搜索功能,就需要处理好搜索系统和导航系统之间的关系。导航是 Web 网站索引的主体,如果在搜索系统上关注过多,有时反而会出现与导航系统争夺网站资源的现象,这是得不偿失的。

（4）想要设计出高质量的搜索系统,就必须明白搜索不是一次性的,有时用户会反复使用,而且会面对不同的搜索行为。这种情况要求对搜索系统进行反复的优化和维护,耗费的成本会相应增加。

为了使搜索系统的可用性更高,搜索引擎的搜索范围不会是全部的互联网信息,而只是在其中一个分类的子集搜索,例如图片搜索、网站搜索、歌曲搜索等。同时,为了提高搜索的效率和响应度,依据 Chris Anderson[①] 的长尾理论[②],要将搜索重点放在"头部"（即大量用户的搜索目标上）,在搜索条目中呈现目前搜索量最大的主题,如图 3-18 所示。

图 3-18　依赖于长尾理论的搜索系统

（图片来源：http://s.weibo.com/? topnav＝1&wvr＝6）

信息架构中的组织系统、标签系统、导航系统和搜索系统分别代表了如何组织信息、

---

①　克里斯●安德森,生于 1961 年,长尾理论的作者,自 2001 年起担任美国《连线》（Wired）杂志总编辑。

②　长尾理论是在网络时代兴起的一种新理论,其主要观点是,由于成本和效率的原因,过去人们只能关注重要的人或事,如果用正态分布曲线来描绘这些人或事,就是人们只能关注曲线的头部,而将处于曲线尾部以及需要更多的精力和成本才能关注到的大多数人或事进行了忽略。　——来源于网络

浏览信息、搜索信息和标识信息。网络信息空间不是简单的信息排列和堆积,而是呈现一种复杂的、多维的关系,信息架构会影响用户的使用行为,所以需要谨慎对待产品的信息架构。在保证架构完整的同时,应尽量优化和保持降低维护成本,使外观的艺术化。

■ 3.3　交互设计

交互设计是一种整合用户、环境、行为等因素的设计行为,它协调了用户需求、商业需求和技术实现三者的关系,提高了产品的可用性和易用性,让用户乐于去用。如何进行有效的设计,提供高效的产品和服务,取决于对交互设计原则和模式和合理运用。这些原则和模式只能作为指导而不是固定的指标,仅仅是可供借鉴的设计线索和解决方法。

遵寻交互设计的原则和模式设计出的产品可使用户在使用的过程中产生良好的体验。这些原则和模式汲取了心理学和设计学的成果,经过了设计师的验证和总结,将科学技术与人、环境、行为进行融合,是具有一定普适性的设计方法,贯穿了设计的始终,可帮助设计师将用户需求和任务目标转化为设计呈现和操作使用。下面将逐一介绍交互设计中需要注意的减少负荷问题,Norman 提出的设计原则,以及在交互设计领域中早已得到认同的"交互设计七大定律"等内容。

1. 减少负荷

交互设计的主要目的之一便是让用户在更加自然的状态下使用产品,使之产生轻松、愉悦的体验,减少产品和服务对用户心理和生理造成的压力和负担。Alan Cooper 指出,减少负荷主要关注以下几方面。

(1)认知负荷。用户对产品和服务的理解过程要容易,一眼就能明白其功能,大概如何使用。

(2)记忆负荷。人的大脑适合进行搜索而不是记忆,所以应尽量弱化用户对产品中图形语义、空间功能、手势动作及其相互间关系的回忆。

(3)视觉负荷。产品造型的寓意、界面布局与色彩以及页面内容等都会对视觉产生影响,因此需要围绕用户的目标和任务进行设计,而不是每次都将所有的图形和色彩重复一遍。

(4)物理负荷。鼠标单击、手势操作以及各种使用方式之间的切换都会增加用户操作使用负荷。

2. Norman 的设计原则

(1)心理模型。心理模型是用户通过自身的经验和训练对接触的人、事物和环境形成的模型,概念模型便是其中之一。心理模型只需要了解用户的行为和结果之间的关系,不需要明白内在的运作机制,可以预测行为效果。

与心理模型等价的是实现模型和表现模型(也称作设计者模型)。设计师需要将表现模型和用户心理模型尽可能地接近,让用户更加自然地理解操作行为产生的效果。例如,在汽车刹车系统中,实现模型涉及了液压系统以及化学能和热能、动能之间的能量转换等知识,但是在表现模型中是一种用户脚踩的行为,这与用户的心理模型"脚踩地面增大摩擦而停下来"相一致;再如,用户在浏览网页或者使用 WPS 软件的过程中,鼠标滚轮的前后转动可以控制页面的上下移动,如图 3-19 所示。

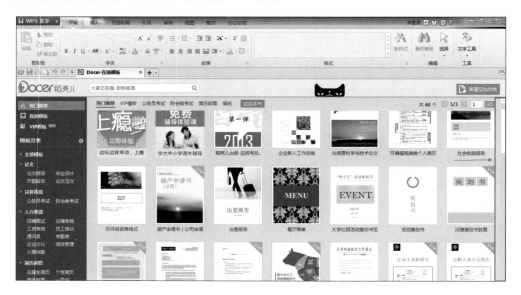

图 3-19　表现模型与用户心理模型相接近

(图片来源:WPS办公软件界面)

(2)预设用途。Norman 将预设用途的解释为"被人们认为应该具有的性能及其实际的性能"。用户的使用行为是由自身所具备的知识、外部提供的信息以及各种限制因素共同作用的结果。产品和服务的预设用途要具有引导性,能将用户的行为带向指定的、正确的使用目标。在设计中,预设用途还需要满足一些必要条件,包括可视性、自然匹配和限制因素。

(3)可视性。用户与产品之间的接触点(即实际操作部分)要具有明确的可视性,要让用户能够明白位于此处的控件是可操作的,通过它可实现特定的目的。例如智能手机的输入键盘或者应用程序中拟物化的控件、突起的按钮形状明确显示了其可被按下的功能,如图 3-20 所示。

(4)自然匹配。自然匹配是指通过物理环境或文化认知的类比进行设计,让用户一看便知的产品能够有效减少用户的记忆和认知负担。最明显的例子就是房间里的灯和开关,从图 3-21 中可以看到,两个开关被安排在了不同的位置,却控制着呈现整齐排布的电

图 3-20　Android 系统中的输入界面与微信网页版的登录控件

（图片来源：微信手机客户端）

灯，哪一个开关控制哪几盏灯，完全不得而知。

图 3-21　教室中的开关与电灯

（5）限制因素。限制因素包括很多方面，有物理上的，例如软件中按钮为灰色时，表示处于非激活状态；有语意上的，它依赖于用户对于外部世界的理解，尽管抽象，但是可以提供非常有效的操作线索；有逻辑上的，自然匹配便是如此，操作控件与效果之间满足人们日常的认知逻辑。可视性能够扩展操作的方法显示，但是限制因素可以将这一范围缩小，突出显示正确的操作方式，令用户的使用行为更加准确。在移动应用的实际设计中，为了使限制因素的效果更突出，一般会配合相应的动画效果，以增强视觉可视性，如图 3-22 所示。

（6）反馈。反馈是向用户提供信息，使用户知道某一操作是否已经完成以及操作所

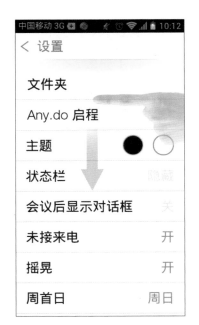

图 3-22　限制因素

（图片来源：Android 平台系统）

产生的结果。反馈的形式很多，例如在移动应用产品中涉及了视觉反馈、听觉反馈、触觉反馈和嗅觉反馈等。

依据用户行为的操作正确与否，反馈可分为正面反馈和负面反馈。正面反馈是指操作完成了预定目标后出现的反馈信息，能够给予用户鼓励，使用户产生愉悦感；负面反馈是在操作错误或者由于其他原因导致异常结果时出现的反馈。谁都不想遇到错误，因为很容易让人产生沮丧的情绪，所以负面反馈要尽量充满人情味，尽量以较为舒缓的形式指出错误所在。例如，图 3-23 所示为一些网站在产生 404 错误时显示的页面，尽管用户的目标页面没有打开，但是看到这样的画面，心里的挫败感会减弱很多。

（7）容错性。用户在使用产品或服务的过程中难免会出现差错，这时产品决不能因为差错而"罢工"，要有一定的更正措施。

差错主要由两个原因引起，一是失误，二是错误。操作失误是用户在无意识中产生的行为，是无法避免的，例如在使移动应用产品时，点击动作比滑动动作更容易发生误操作，这时便需要通过改正按钮排列间距等方法来优化设计；出现错误的原因很多，最主要的还是由于用户凭借自身经验和记忆去使用产品，继而出现错误操作。导致用户错误操作的内在原因是用户的心理模型和表现模型之间出现了偏差。用户的操作失误可以通过在设计中减少错误诱因进行解决，而要解决操作错误的问题，就需要在改进设计时着重考虑如何与用户思维模式进行匹配问题。

图 3-23　充满趣味的 404 页面

（图片来源：http://space. angrybirds. com/404notfound　　http://www. fastcentrik. cz/404notfound/
http://www. carolrivello. com/404 http://www. inflicted. nl/404notfound）

3. 交互设计七大定律

（1）费茨法则（Fitts' Law）。该法则是由 Paul Fitts 于 1954 年提出的，是一种适用于研究人机互动状况的模型。费茨法则阐释了一个函数关系，即从起始位置移动到目标区域所需的时间是起始位置到目标区域的距离和目标区域大小的函数，基本理念便是目标越小，越难以操作，如图 3-24 所示。费茨法则建立了手指或鼠标操作类设备的动作指向性模型，无论是手指与屏幕间的物理接触还是在显示屏上的鼠标滑动与边缘的触碰，都需要考虑到费茨法则。

图 3-24　费茨法则示意图

用公式分析费茨法则可以发现，想要获得较好的点击效果，需要从目标大小、距离和时间几方面考虑。

$$T = a + b\text{lb}_2(D/W + 1)$$

其中，T 是完成动作的平均时间

a 代表装置（拦截）开始/结束的时间

b 表示该装置本身的进度（斜率）

D 是起始位置到目标中心的距离

W 是目标区域在运动维向上的宽度

时间和速度不是一个主动因素，而是被动出现的结果，能够控制的则是目标的大小和它们之间的距离。所以需要扩大可点击区域,缩短起始位置和目标间的距离。当然,点击区域不是整体性的扩大而是更加有针对性地扩大,以减少随之带来的误操作影响;既然缩短距离能够提高点击效率,那么针对不常用的或者具有"危险性"的"退出""删除"等按钮,可适当扩大这段距离。例如,在如图 3-25 所示的注册页面中 EXIT(退出)按钮的尺寸和位置正是基于费茨法则设计的。

在 Web 页面上,能够无限利用的便是屏幕四周的空间,这个空间理论上可以认为是无穷尽的,因为无论光标如何移动,最终都会停留在屏幕边缘,这也是为什么 Windows 和 Mac 系统都将自己的菜单栏默认放置在边角的原因之一,如图 3-26 所示。但是如果在平板式计算机等大屏幕的电子设备上进行手势操作时,将菜单放在边角会增加手臂的移动距离,降低使用效率,这是需要灵活对待的问题。

图 3-25　注册页的设计

在移动应用产品的设计中,费茨法则同样适用,但是需要考虑到拇指操作热区的影响以及指尖实际接触点与视线所认为的接触点之间的差异,如图 3-27 所示。对于一些常用的操作控件,不仅要扩大目标的实际触控区域、缩短按钮间的距离,更需要将按钮放置于操作准确性更高的拇指热区中。热区之外的部分是拇指活动的盲点,彼此间的距离也较长,因此可放置"返回"或"退出"按钮于此,如图 3-28 所示。

图 3-26　将菜单放置于边角

(图片来源:Windows 系统、Mac 系统桌面)

图 3-27　拇指操作热区(右手)

图 3-28　移动应用界面内容设计

（2）希克法则（Hick's Law）。希克法则是指人们接受信息时，所需要的反应时间与信息数目之间的一种线性关系，公式表达为

$$T = a + b\mathrm{lb}n$$

其中 a、b 为经验常数。从公式可以看出，当用户面临的选择（n）越多时，所需要对刺激作出反应决策的时间（T）就越长，如图 3-29 所示。

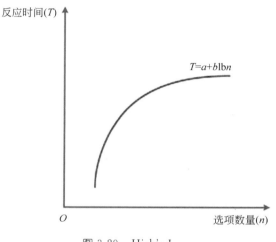

图 3-29　Hick's Law

在 Web 网站的菜单或者移动应用的表单设计中出现了两种情况，一种是一次同时呈现给用户很多可选择的条目；另一种是先对条目进行分类，形成多层级分布后再呈现。相比之下，前者的使用效率会更高，决策耗费的时间会更短，因此在菜单或表单的设计时，应提高菜单的宽度，降低深度；同理，单个菜单的菜单项也符合这样的要求。

（3）7±2 法则。7±2 法则源于 George A. Miller[①] 对人类短时记忆能力进行的定量研究的成果。研究发现，人类大脑在短时记忆中最好的状态是记忆含有 7（±2）项信息块，超过这个数量，短时记忆便开始出错。在交互设计时，这一法则主要应用于标签、菜单选项等内容的设计，其中移动应用应用更多。

（4）接近法则（The Law Of Proximity）。接近法则源于格式塔心理学（Gestalt Psychology），中对直觉的组织原则，即物体的相对距离会影响人们对于它们是否属于一组的感知，如果物体之间离得很近，人们的意识会认为它们之间是有关联的。例如，人们会认为图 3-30 中的购物车是由行构成的图形，而不是由列构成的。

在进行交互设计时，接近原则被广泛应用于页面内容的组织和排列，以达到分割用户视觉认知的目的。相关内容之间应紧密排列，必要时用分割线和框架进行分割，这样可使页面整齐有序、信息传达明确。

────────────────

　　① 乔治 A. 米勒，美国心理学家，普林斯顿大学心理学教授，美国心理学会会长，最著名的著作为 1956 年发表于《心理学评论》上的《神奇的数字 7±2：我们信息加工能力的局限》。

图 3-30　接近法则

（5）泰思勒定律（Tesler's Law）。该定律也被称作复杂性守恒定律，它是由交互设计的先驱 Larry Tesler 提出的。该定律指出，每个过程都具有一定的复杂性，同时存在一个临界点，超过了这个点，过程就不能再简化了，固有的复杂性只能从一个地方移动到另外一个地方而不会继续减少或消失。

交互设计师需要了解复杂性守恒定律，这是因为它指出了在追求简化设计时是如何转移产品复杂性的。设计师必须承认产品使用的复杂性，然后再将用户使用的复杂性转移到前期的设计上而不是将其"消灭"。例如，用户在使用一些社交网站的好友推荐功能，无须填写详细的搜索关键词便可得到大部分相关的好友，这就将用户信息检索的复杂性转移到前期对信息搜索方式的设计上，对设计起到了指引方向的作用。

（6）防错原则。防错原则是由日本工业设计师 Shigeo Shingo[①] 提出的，旨在防止由于设计的疏忽而非用户原因造成的操作错误。其中最明显的例子就是通过相关功能的失效来防止误操作，例如在用户登录时，只有在输入完登录名称和密码后，"登录"按钮才会被激活的设计，可以防止用户操作失误。

（7）奥卡姆剃刀定律（Occam's Razor）。该原理也被称作简单有效原理，是由 William of Occam[②] 提出。该定律追求的是"如无必要，勿增实体"的理念，相当于对产品进行"瘦身"，在满足用户使用目标的前提下将相等功能剔除，只保留一个就好，力求将设计做到简化组织结构，简化操作流程，突出核心使用功能，但是该定律只是在特定条件下提供的一种决策原则，具有一定的局限性。

■ 3.4　视觉设计

在大部分设计流程中，视觉设计一般处在中后环节，即用户体验要素中所提到的表现层，但它却是与用户最先接触的部分，也往往是用户感觉唯一和产品有接触的部分。任何

---

　　①　新乡重夫（1909—1990），在品质管理方面做出了重大贡献，他认为"零损坏"就是品质要求的最高极限，被称作"纠错之父"。
　　②　奥卡姆的威廉（约 1285—1349），14 世纪逻辑学家、圣方济各会修士。

产品都存在用户视觉界面的问题，视觉从情感上影响用户的体验和评价，而这个评价有时也会直接影响用户对这个产品深入了解的程度。

视觉设计主要包括两个方面：视觉组织和个性化。视觉组织是对产品信息架构和功能的一种视觉性描述，利用人们的认知规律和感知原则进行构建；个性化则是在视觉描述的基础上进行个性化的设计，让产品具有独特的个性体验和视觉冲击力。在互联网产品的图形界面设计中，视觉设计还需要满足不同平台下产品的基本设计规范。下面主要讲述在进行互联网产品的图形交互界面设计时需要注意的几个方面。

1. 保持风格一致

这不只是进行纯粹的视觉设计时需要注意的问题，而是所有参与项目的设计师都应注意的。

设计风格要根据之前的产品定位、目标用户的人群特征等来确定，要以用户为中心进行设计。切忌抛开目标用户的行为习惯、审美习惯、文化习惯进行所谓的"个性化"设计。在产品开发的不同阶段，视觉设计风格都要遵循既定的产品 UI 设计规范。在新产品开发时要明确这种规范，以便在深入设计和后期的产品更新迭代中保持一贯的视觉风格，使用户在使用新产品时虽然具有连续性，降低认知成本和学习成本。例如，图 3-31 所示的 QQ

图 3-31　QQ 界面的演变

（图片来源：http://tieba.baidu.com/p/1265607121）

界面虽然版本在不断更新,但是,在视觉设计中主要的视觉元素仍旧有内在的规律可循,无论版本怎样更新,都使得用户在使用时能延续上一版本的操作和视觉习惯,并在此基础上进行新的视觉体验。

当然,除了产品自身设计风格的定位,还有更大的视觉设计规范,这便是不同平台的图形界面风格。大家之所以根据不同的应用界面就能看出是在什么操作系统中使用的,就是因为 iOS、Android、Windows Phone 等平台都具有自己的界面图形风格,因此需要在符合各自造型特点和风格的前提下,对图形界面进行个性化的创新设计,如图 3-32 所示。

图 3-32　三大平台的不同视觉风格

2. 创造清晰的视觉层次

在视觉设计中,图形元素是用户关注的重点,但是设计师不能将所有的图形元素都一起呈现在有限的界面上。如何摆放这些图形元素,让用户的视觉体验具有清晰、合理的层次感,就要涉及用户界面布局设计。

用户界面的布局直接影响了产品的可用性体验,同时也与之前的信息架构相关联。视觉设计是为了有效地给用户传达信息,所以需要针对产品的功能需求进行合理的页面布局。清晰的视觉层次,除了基本的视觉强化技术以外,最重要的是对人类的视觉认知方式有所了解,进而灵活地安排页面布局。在格式塔心理学中,人类的知觉组织原则,除了上文提到的接近法则以外,还包括相似法则、连续法则、闭合法则和协变法则,如图 3-33 和表 3-3 所示。

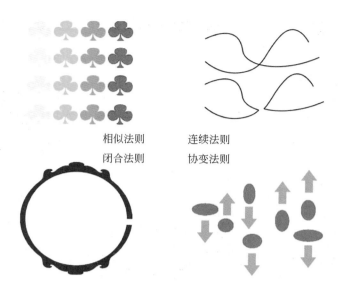

相似法则　　　　连续法则

闭合法则　　　　协变法则

图 3-33　格式塔知觉组织原则

表 3-3　格式塔知觉组织原则释义

规　　律	释　　义
相似法则	图中是由列构成的图形,而不是行,因为各列中元素彼此相似
连续法则	轮廓连续的直线或曲线图形会被归在一起,而不是视作两条交叉曲线
闭合法则	当关注主观轮廓时,该图会被视为一个闭合、完整的图形
协变法则	同一运动趋势的元素会被归在一起

　　格式塔知觉组织原则有助于视觉设计师将相关的信息内容进行整合,设计出一致的图形样式。不同的图形元素将不同的功能聚集起来,突出使用操作方式,在界面中产生一种主次分明的层次感。例如,在视频应用的设计中,瀑布流的形式使得能够查看的相关视频处于页面的主要部分,且每个图形所占面积都很大,导航、分类信息等则是分布在界面的上下两端,如图 3-34 所示。

　　当然,除了图形样式以外,色彩的搭配方式对视觉层次的影响也是不言而喻的。色彩设计的本质不是添加颜色,而是控制颜色。所以在界面设计中不要犯堆积色彩的错误。颜色越多,就越会分散用户的注意力,反而找不到阅读的重点。在追求丰富变化的时候,一般是在保持主体色调的基础上,进行适当变换,而不是过多的增加色相种类。在一些实际案例中,大多是把视觉色彩约束在一个范围之内,通过色调的变化来呈现不同的视觉层次感,有时为了让主题更鲜明一些,会着重提高色彩的纯度和明度,如图 3-35 所示。

　　色彩除了能体现界面元素,起到展示的作用,也会对用户产生的心理作用,这都需要在设计中进行考虑。在平面设计中,色彩具有一定的心理指向作用,在界面设计中也是如此。色彩会影响用户的心理和情绪,所以视觉设计师在进行视觉设计时,需要把握目标用

图 3-34　通过图形元素突出层次感

（图片来源：爱奇艺、搜狐、优酷手机客户端）

图 3-35　"随手记"应用的色调变化

（图片来源："随手记"手机客户端）

户群体的心理特征，选择合适的色彩搭配。例如，橙色可以激发用户的情绪，提升购买欲，因此淘宝客户端及一些团购应用的主色调采用橙色系色彩居多；当然，除了基本的用户心理因素影响外，色彩的流行趋势也是一个比较重要的影响因素，当前市场中该产品的主流色彩也会影响到色彩的搭配。一般来说，某种风格都是经过较长时间沉淀下来的，是早已被公众接受的视觉印象，在人们的认知中已经形成定势，具有较为普遍的内在意义，在设计过程中尽量不要有大的改动，以免引起用户不必要的抵触情绪，如表 3-4 和图 3-5 所示。

表 3-4　不同色彩的对用户心理产生不同的倾向性

颜　　色	心理和情绪感受
黑	权威、高雅、低调、创意、执着、冷漠、防御、专业
灰	诚恳、沉稳、考究、智能、成功、权威、暗淡无光、邋遢
白	纯洁、神圣、善良、信任、开放、疏离、梦幻
褐	安定、沉静、平和、亲切沉闷、单调、老气
红	幸福、热情、性感、权威、自信、血腥、暴力、嫉妒、控制
粉	温柔、甜美、浪漫、洒脱、大方
橙	亲切、坦率、开朗、健康、安适、放心
黄	信心、聪明、希望、天真、娇嫩、不稳定、招摇、挑衅
绿	生命、安全、清凉、自由、和平、新鲜、清新、活力
蓝	悠远、宁静、空虚、诚实、信赖、权威、理想、独立
紫	优雅、浪漫、高贵、神秘

图 3-36　橙色系色彩能够激发用户购买欲望

（图片来源：淘宝、格瓦拉@电影手机客户端）

　　图形元素是界面中最具有独特性和个性化的设计元素，但是文字在界面中也是必不可少的。字体样式的选择和排布同样能够体现个性和区别。在视觉设计中，文字除了用作解释说明外，本身也是一种视觉元素，也具备应用的视觉设计特征。从整体上看，由于界面空间有限，所以文字阵列一定要简短，应把文字作为文字块看待，作为界面上能够自由摆放的视觉元素使用。

　　文字具有 4 个要素：字体、大小、字距和行距，每个要素都能够进行细致地设计。文字虽小，但是仍需要严谨把握。在字体和大小的设置上，每个平台有自己字体的使用规范，但是为了追求视觉冲击力，在字体的选择上可以标新立异，例如在大部分游戏中，字体样式的设计就个性十足，如图 3-37 所示。

图 3-37　游戏界面中个性化十足的字体

（图片来源：3D 隧道游戏手客户端）

　　在字符间距和行间距的使用上，基本是较小的字距与较大的行距搭配。这样的排布，能够使相关内容联系更紧密，提高可读性；其次是较大的行距，减弱了阅读的视觉负担，显示也更加清晰，同时在结构上会显得更加美观大方，如图 3-38 所示。

图 3-38　文字间距设计

（图片来源：陌陌、Lofter 手机客户端）

3. 视觉流

视觉流也称作视觉流程，是通过界面设计吸引用户的视线，引导用户的浏览顺序。视觉流是通过视觉设计对用户的浏览行为产生引导的，用户的视觉重心第一点落在哪里，下一点又落在哪里，在每个点停留的时间是多少，都可以通过合理地规划视觉流来实现。

用户一般的浏览习惯是从左至右，从上至下，通过眼动仪测试可以看到它是一个呈 F 状的热区。因此在界面设计中，界面的最左上角会是一个视觉设计的重点，其次将界面内容右对齐，在保持这种左上到右下的最舒服的视觉浏览顺序时，也形成一种平衡感。图 3-39 为 Jakob Nielsen[①] 在《眼球轨迹的研究》报告中的 3 张热度图，分别是一般性说明网页、电子商务网页和 Google 搜索结果页，如图 3-39 所示。

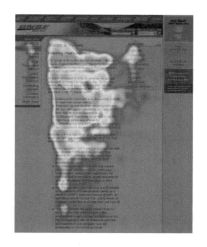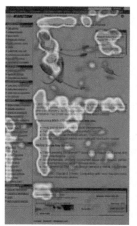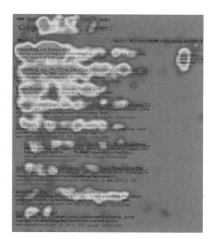

图 3-39　视觉流热区分布

（图片来源：http://www.nngroup.com/articles/f-shaped-pattern-reading-web-content/）

3.5　本章小结

本章从信息架构、交互设计和视觉设计 3 个方面介绍了目标导向设计方法的基本流程，阐述了流程中设计的内容模块、方法原则以及设计元素的特征，从宏观层面介绍了在设计过程当中需要关注的问题。信息架构、交互设计及视觉设计是紧密相关、相互影响的。信息架构搭建了产品的整体基础，定义了主要框架；交互设计完善产品的好用性和易用性特征；视觉设计完善产品的外观气质。总之，在设计要统筹全局，构建架构要完整清

---

① 杰柯柏●尼尔森（美），Web 可用性领域的专家，尼尔森-诺曼集团联合创始人。

晰，交互操作体验良好，视觉印象更美观舒适。

■本章参考文献

[1] 童庆. 基于目标导向的手机支付应用软件设计研究[D]. 无锡：江南大学设计学院，2012.

[2] NEIL T. 移动应用 UI 设计模式[M].王军锋，郭偎，武艳芳，译. 北京：人民邮电出版社，2013.

■ 第4章

实体交互产品原型的构建

Arduino 是一款风靡世界的开源电子原型制作平台。它包括一块具有输入输出接口的单片机和与之配套的代码开发软件平台。Arduino 可以开发交互式的产品,可以自由地控制各种电灯、电动机等外部设备,最关键的是,Arduino 还可以帮助艺术家或者设计师简单地实现自己的想法。它为想在交互设计、新媒体技术方面进行开发的设计师提供了强大易用的实现平台。

本章将介绍的内容如下:

(1) Arduino 预备知识;

(2) Arduino IDE 的安装;

(3) Arduino 编程基础;

(4) 基础原型构建;

(5) Arduino 与交互产品设计。

■ 4.1　Arduino 预备知识

Arduino 是一个能够用来感应和控制现实周围环境的一套工具,包含硬件和软件两个部分,硬件最主要的是 Arduino 开发板,而软件部分主要是指安装在计算机中的集成开发环境(Integrated Development Environment,IDE)。本节将介绍 Arduino 的控制板、相关硬件以及一些基本知识,为后面的学习打下基础。

■ 4.1.1　Arduino 相关硬件介绍

Arduino 硬件包括 Arduino 开发板、Arduino 扩展板和其他电子元件。Arduino 开发板主要由一个小型微处理器和一个电路板组成。为了满足多样化的开发需要,Arduino 开发板有多种版本。其中,目前最新也最容易上手的版本是 Arduino UNO。如图 4-1 所示为 Arduino UNO(R2)。

图 4-1　Arduino UNO(R2)

(图片来源: http://www.arduino.cc/)

下面来简单介绍一下 Arduino UNO 板的构成。板上那个 28 个引脚的细长芯片就是整块板的核心——ATmega328 微处理器。该开发板还包括 14 个数字输入输出引脚(其中 6 个可用作 PWM(脉冲宽度调制)输出)、6 个模拟输入引脚、1 个 USB 连接口、1 个电源插口,1 个重启按钮等。

图 4-2 所示的是 Arduino UNO 的微处理器,芯片工作需要的电子元件和工作环境都已经配置好,只要用 USB 连接线连上计算机或者插上外接电源即可工作。

图 4-3 所示为 14 个数字 I/O 引脚,它们可以在 IDE 中用代码设置为用于输入或输出,其中引脚 3、5、6、9、10 和 11 可以通过代码将其变为模拟输出引脚。AREF(Reference Voltage for the Analog Inputs,模拟输入的基准电压)可使用 analogReference()命令调用。GND 的含义是接地。TX 和 RX 这两个引脚可用来更新开发板的程序或与计算机或

其他设备进行通信。其中 TX 指传输端,RX 指接收端。

图 4-2 Arduino UNO 的微处理器

图 4-3 Arduino UNO 的 14 个数字输入输出引脚

如图 4-4 所示,A0~A5 就是 6 个模拟输入引脚。这些引脚可以读取各种各样模拟输入的信号(例如感光传感器侦测的光线明暗值)。3.3V 和 5V 引脚:可以通过板内稳压器输出 3.3V 和 5V 的电压。Vin 引脚:Vin 是 input voltage 的缩写,如果不是用 USB 而是用外接电源供电,外接电源就可以通过此引脚提供电压。(例如用电池供电时,电池正极接 Vin 端口,负极接 GND 端口)。Reset 引脚:只要将 Reset 引脚连接到地(GND),Arduino 就会重启。

图 4-5 所示为 USB 连接口,如图 4-6 所示为电源接口。外接电源时,建议的外加电压范围是 7~12V,如图 4-7 所示为重启按钮。

图 4-4 Arduino UNO 的 6 个模拟输入引脚

图 4-5 USB 连接口

图 4-6 电源接口

图 4-7 重启按钮

Arduino 开发板除了 UNO 以外,还有很多别的型号,这是为了满足不同的设计要求。例如,如果需要性能更加强大,可以选择 Arduino MEGA2560、Arduino Pro 等产品,而如果有小型化的要求,可以选用 Arduino Nano、Arduino Micro 等产品,如果需要异形的开发板,还可以选择 Lilypad Arduino、Arduino Esplora 等产品。这样,按照不同的设计需求,就可以选择对应的开发版型号。更详细的版本类型可以在 Arduino 官网查看。

另外,值得一提的是,Arduino 之所以能取得如此大的成功,有一个重要原因就是它的开源特性。Arduino 的软件和硬件都是开源的,开源是指,Arduino 的电路图和源代码都是可以随意下载使用的,不用取得 Arduino 团队的许可。但是,Arduino 这个名字已被注册成为商标,若要使用,还是应取得 Arduino 团队的许可。

为了让用户更方便地实现复杂功能,Arduino 还可以加上拥有各种功能的扩展板。例如在 Arduino 官方网站上就可以看到 Arduino Ethernet Shield 扩展板,它可以让 Arduino 拥有联网的能力。

实际上,仅仅拥有一块 Arduino 开发板是不够的,还需要配以各种功能的相关元件。表 4-1 所示的是一些比较常见的元件。

表 **4-1** 常见的电子元件

名　　称	图　　片	说　　明
面包板		用于将各种元件和连线插拔在上面形成电路
杜邦线		可以方便地插入面包板和开发板引脚,起到导线的作用
LED 灯		有不同的颜色,可以被点亮
按键		可用来控制电路的断通

名　称	图　片	说　明
三极管		可用作放大信号或无触点开关
光线传感器		可用作感应外界光线变化
液晶屏		可用作显示特定的信息

表 4-1 中只是罗列了一些有代表性的元件附件。按照电子实验的不同，Arduino 有很多周边元件可被使用。例如，如果需要检测室内外温度，可以使用热敏温度传感器，如果需要红外遥控功能，可以选用红外一体接收模块，等等。

■ 4.1.2　电学基础

1. 电流和电压

可以通过类比的方法理解电，将电想象为水。电位类似于水位，高电位可以想象成高处的水，低电位可以想象成低处的水。电位差越大，电的动力就越大，而电位差也就是电压。电压是一个相对的值，通常来说，电压最低的点往往作为参考上的电压零点，一般称之为地(GND)，确定了这个零电位参考点，就能确定电路中每一点的电压值。电压可以导致电荷的流动，单位时间通过某一横截面的电荷量，就是电流。同时，如果把用电器想象成水车，那么当水的冲击力达到一定的力量就可以驱动水车进行运行。类似地，一定的电流和电压可以驱动用电器的运转。通过比较，也可以进一步帮助理解串联分流、并联分压的现象。

2. 电阻

在电压一定的条件下,如果需要控制电流的大小,往往需要利用电阻来实现。因为在欧姆定律中规定,$R=U/I$,也就是说,通过导体的电流跟导体两端的电压成正比,跟导体的电阻阻值成反比。那如何去使用这些知识?例如,如果需要做一个点亮 LED 灯的实验,首先需要查阅此 LED 灯的相关参数。例如,LED 灯工作电压为 1.7V,工作电流为 15mA,反向击穿电压为 5V。已知 Arduino 开发板逻辑电路供电电压为 5V,那么就可以计算出需要的电阻(R)的计算公式为 R=(总供电电压-LED 工作电压)/LED 工作电流 $=(5-1.7)/0.015\Omega=220\Omega$,从而可以确定此电路中应串联一个 220Ω 的电阻。

除此之外,在实际的实验过程中,需要识别不同阻值的电阻。对一般的色环电阻来说,在电阻表面会被涂上不同颜色的一些色环,以表明其电阻值。比较常见的是,四环电阻。观察四环电阻时,首先把三条色环距离相近的一端放在左侧,把较远的一条色环(一般是金色或银色的)放在右侧,然后从左向右进行读数。第一圈色环代表第一位数字,第二圈色环代表第二位数字,第三圈色环代表 10 的倍数,需要乘以前面的两位数,第四圈代表误差。表 4-2 所示为详细的颜色对照。

表 **4-2** 电阻色环的识别

色环颜色	色环 1 (第一位数字)	色环 2 (第二位数字)	色环 3 (倍数)	色环 4 (误差)
黑色	0	0	10^0	
棕色	1	1	10^1	
红色	2	2	10^2	
橙色	3	3	10^3	
黄色	4	4	10^4	
绿色	5	5	10^5	
蓝色	6	6	10^6	
紫色	7	7	10^7	
灰色	8	8	10^8	
白色	9	9	10^9	
金色				$\pm 5\%$
银色				$\pm 10\%$

(表格来源: http://baike.baidu.com/view/687399.htm)

按照上面的方法,可以阅读图 4-8 中的电阻值。首先将距离其他三条色环较远的金色色环放在右边。然后从左向右阅读。第一环为棕色,所以第一位数字是 1;第二环是绿色,所以第二位数字是 5;所以前两位数字是 15。第三环为红色,所以倍数是 10^2。综合前三环可以知道,此电阻的阻值为 $15 \times 10^2 \, \Omega = 1500 \Omega = 1.5 \mathrm{k}\Omega$。从第四环可以知道,此电阻的误差为 $\pm 5\%$。

图 4-8　电阻

除四环电阻外,五环电阻也比较常见。五环电阻中,前三环是有效数字,第四环为色环倍数,第五环是误差。需要注意的是,五环电阻中,第五环除了金银两色还有棕色($\pm 1\%$)、红色($\pm 2\%$)、绿色($\pm 0.5\%$)、蓝色($\pm 0.25\%$)、紫色($\pm 0.1\%$)和灰色($\pm 0.05\%$)。

3. 阅读简单的电路图

在实际操作过程中,往往需要按照画好的电路图进行连接,在本书后面的案例中也会给出每次实验的电路。所以需要在实验操作之前能够阅读简单的电路图。

表 4-3 中列出了一些常用的电气图形符号。

表 4-3　常用电气的图形符号

名　　称	美　　标	国　　际
Arduino 开发板		同左
按键		
电阻		
外接电源		

续表

名　　　称	美　　标	国　　际
LED 灯（LED 发光二极管）		
地（GND）		
电线互相连接		

　　了解了上面的基础知识，便可以开始尝试阅读简单的原理图了。如图 4-9 所示，就是表明在 Arduino 开发板上，连接着一个红色的 LED 灯，再串联一个 470Ω 的电阻。

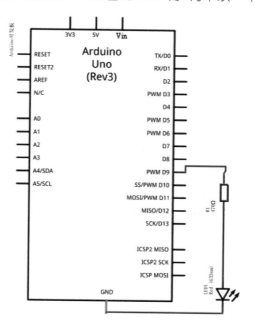

图 4-9　LED 实验原理图

■ 4.2　Arduino IDE 的安装

　　Arduino IDE,也就是 Ardunio 的集成开发环境。它是 Arduino 的软件支持平台,通过写入不同的代码就能控制硬件的不同动作。下面介绍 Arduino IDE 从下载到安装调试直到运行的过程。

　　首先从 Arduino 官网的下载(Download)页面下载最新版的 Arduino 安装包。Arduino IDE 是支持多平台的,所以无论是 Windows 还是 MAC OS X 都可以下载到对应的版本。本书将采用 Arduino 1.5.5 版本(Windows 系统)进行后面的讲解。

　　下载之后,直接安装即可,安装过程中,会弹出如图 4-10 所示的提示框。

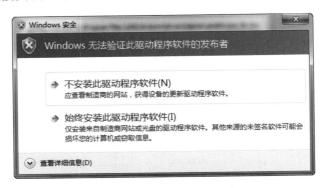

图 4-10　提示对话框

　　请选择始终安装。完全安装结束,打开 Arduino 软件,会看见类似如图 4-11 所示的起始界面。

图 4-11　起始界面

此时将 Arduino 的开发板插入计算机的 USB 接口,系统会提示安装驱动程序。安装结束之后,会弹出类似如图 4-12 所示的对话框。注意,COM 端口不一定是 4,因计算机而异。

图 4-12　"驱动程序软件安装"对话框

至此便安装好了 Arduino IDE。此时可以做一个小测试,试试是不是安装成功了。如图 4-13 所示,选择"文件"|"示例"|01. Basics|Blink 菜单命令。

图 4-13　起始界面

确认 Arduino 仍插在计算机的 USB 接口上。在弹出的 Blink 示例的新窗口中单击"上传"按钮,如图 4-14 所示。

经过编译和代码上传后,可在状态栏看到上传成功的提示,如图 4-15 所示。此时,Arduino 板上标有 L 的灯在有规律地闪烁,这说明 Arduino IDE 成功安装并且能够运行了。

图 4-14　单击"上传"按钮

图 4-15　上传成功提示

需要说明的是,对于一些旧版本的 IDE,可能需要手动安装驱动程序。方法是在安装 IDE 结束后,第一次插入 Arduino 时,在设备管理器中找到 Arduino 设备,在其右键菜单中选择"更新驱动程序"选项。然后在弹出的对话框中选择"浏览计算机以查找驱动程序软件",之后在 Arduino 的目录下找到 Drivers 文件夹并且选择"始终安装此驱动程序软件"。

■ 4.3　Arduino 编程基础

Arduino 需要软件和硬件两方面的基础。上面的内容讲解了硬件方面的知识。下面就来了解一些 Arduino 软件方面的基础知识。之后便可以动手进行一些基础的 Arduino 原型构建的工作。

■ 4.3.1　常用关键字和运算符

Arduino 的编程语言是建立在 C 语言基础上。按照官方的说法,Arduino 的程序可以分成三大部分,分别是结构词(structures)、值(values)和函数(functions)。[①]

结构词是包括关键字(数据类型关键字和流程关键字)、运算符等在内的一些起到关键作用的词汇。

表 4-3 所示的是一些在 Arduino 中常用的流程关键字。

---

①　引自 Products[EB/OL]. http://www.arduino.cc/。

表 **4-3**　**Arduino** 中的常用流程关键字

关键字	作　　用	范　　例	范 例 说 明

if	判断是否满足特定条件	if(变量 a>50)
		{
		　　//执行操作 A
		}
			如果变量 a>50,则执行操作 A

if…else	在不同情况下,执行不同操作	if(模拟信号 a>500)
		{
		　　//执行操作 A
		}
		else
		{
		　　//执行操作 B
		}
			如果信号 a>500,执行操作 A,如果信号 a≤500,则执行操作 B

for	构成 for 循环	for(inti=0;i<=100;i++){
		　　　　println(i);
		　　}
			从 0 开始,逐一把每个数字打印（println）在屏幕上,每次加 1,直到 100

switch case	实现多分支选择结构	switch(i){
		　　case 1:
		　　　　//如果 i 等于 1 执行操作 A
		　　　　break;
		　　case 2:
		　　　　//如果 i 等于 2 执行操作 B
		　　　　break;
		　　default:
		　　　　//如果以上条件均不符合执行 default
		　　　　里的操作 C
		　　　　//操作 C
		　　}
			如果 i=1,则与 case1 中的 i 值相等,执行操作 A。如果没有 break 语句,会在不进行判断的情况下继续执行所有 case 里的操作,也就是执行操作 A,操作 B

while	构成 while 循环	i=0;
		while(i<200){
		　　//执行操作 A200 次
		　　i++;
		}
			while 后面括号中的条件表达式为真时,循环体会不断执行,直到条件为假时结束循环

do…while	构成 do…while 循环	do
		{
		　　delay(50);
		//暂停 50ms 让传感器稳定
		　　x=readSensors();
		//监测传感器
		
		}while(x<100);
			首先监测一次传感器的值,然后判断值是否小于 100,如果是,则继续执行 do 后面的操作。
			因为是先执行循环体,所以 do…while 的循环体会至少执行一次

关键字	作 用	范 例	范 例 说 明

break	从循环中跳出	for(x＝0；x＜255；x＋＋)
		{
		　digitalWrite(PWMpin，x)；
		
		　sens＝analogRead(sensorPin)；
		　if(sens＞threshold){
		　　　x＝0；
		　　　break；
		　　}
		　delay(50)；
		}
			当满足条件 sens 大于 threshold 时，就跳出此 for 循环，执行后面的语句

continue	跳过循环体中剩余语句，直接执行下一次循环	for(x＝0；x＜255；x＋＋)
		{
		　if(x＞40&&x＜120){
		　　　continue；
		　　}
		
		　digitalWrite(PWMpin，x)；
		　delay(50)；
		}
			如果 40＜x＜120 便不执行此循环

return	函数返回，可用来协助代码调试	int checkSensor(){
		　　if(analogRead(0)＞400)
		　　{
		　　　return 1；
		　　else{
		　　　return 0；
		　　}
		　}
			对于 checkSensor 函数，当 analogRead(0)的读数大于 400 时，返回 1，当 analogRead(0)的度数不大于 400 时，返回 0

goto	让程序跳转到指定标识语句继续运行	for(byte r＝0；r＜255；r＋＋){
		　for(byte g＝255；g＞－1；g－－){
		　　for(byte b＝0；b＜255；b＋＋){
		　　　if(analogRead(0)＞250){goto
		　　　　　bailout；}
		　　　//更多代码…
		　　}
		　}
		}
		bailout：
			若 analogRead(0)的值大于 250 时，代码会跳转到 bailout：之后的内容继续运行，从而跳出多重循环。Bailout：是一个标识语句。建议不滥用 goto 语句，这是因为可能造成程序结构混乱而使之难以调试

（表格参考：http://arduino.cc/en/Reference/HomePage）

如表 4-4 所示是在 Arduino 中常用的类型关键字。

表 4-4　Arduino 中常用类型关键字

数据类型	含　义	解　　　释
void	无类型	void 只用在函数声明中，一般用在没有返回值的函数中
char	字符型	占用 8 位存储空间的字符，如单个英文字母或标点
byte	字节型	占用 8 位存储空间，是从 0～255 的无符号类型，不能表示负数
int	整型	储存数字的主要数据类型。占用 16 位存储空间，其取值范围为 $-32\,768～32\,767$
long	长整型	扩展的数字存储变量。占用 32 位存储空间，其取值范围为 $-2\,147\,483\,648～2\,147\,483\,647$
float	单精度浮点型	占用 32 位存储空间，储存浮点型数值，可以用以表示有小数点的数字。其取值范围为 $-3.4028235\times10^{38}～3.4028235\times10^{38}$
array	数组型	数组一般包含有限个同类型的变量，它是把相同类型的若干变量按有序的形式组织起来的一种形式

（表格参考：http://arduino.cc/en/Reference/HomePage）

除了以上关键字以外，一些常用的运算符，如表 4-5 所示。

表 4-5　Arduino 中常用的运算符

类型	运算符	说　　明	范　　例	范　例　说　明
算术运算符	＝	赋值运算	x＝1	将 1 的值赋给 x，于是 x 的值为 1
	＋	加运算	y＝x＋3	将 x 的值加上 3 赋给 y
	－	减运算	b＝a－5	将 a 的值减去 5 赋给 b
	＊	乘运算	i＝j＊2	将 j 的值乘以 6 赋给 y
	/	除运算	i＝i/5	将 i 的值除以 5 后赋给 i
	％	取余运算	7％5	因为 7 除以 5 余 2，所以结果为 2
比较运算符	＝＝	等于	x＝＝y	x 与 y 是相等的
	!＝	不等于	x!＝y	x 与 y 是不相等的
	＜	小于	x＜y	x 比 y 小
	＞	大于	x＞y	x 比 y 大
	＜＝	小于或等于	x＜＝y	x 比 y 小或者 x 等于 y
	＞＝	大于或等于	x＞＝y	x 比 y 大或者 x 等于 y
关系运算符	＆＆	且	if(x＞40＆＆x＜120)	如果 x 大于 40 且小于 120
	‖	或	if(a＝＝0‖b＝＝2)	如果 a＝0 或 b＝2
	!	非	if(!x){ // ...}	如果 x 为真，那么即 !x 为假
布尔运算符	＋＋	自增运算	x＋＋	给 x 加 1 并将新值重新赋给 x
	－－	自减运算	x－－	给 x 减 1 并将新值重新赋给 x

类型	运算符	说　　明	范　　例	范 例 说 明
布尔运算符	＋＝	加法赋值运算	x＋＝y	x＝x＋y
	－＝	减法赋值运算	x－＝y	x＝x－y
	＊＝	乘法赋值运算	x＊＝y	x＝x＊y
	/＝	除法赋值运算	x/＝y	x＝x/y
	&＝	布尔与赋值运算	x&＝y	x＝x&y
	｜＝	布尔或赋值运算	x｜＝y	x＝x｜y

（表格参考：http://arduino.cc/en/Reference/HomePage）

值（values）一般包括常量与变量。

常量是指在程序运行过程其值不能改变的数据。一些软件预设常量是为了使用时方便，例如判断正确和错误的常量 true 和 false；数字引脚只有两个可供选择的值：常量 HIGH 和常量 LOW；通过 pinmode()函数可以控制数字针脚的运行模式，有两个可供选择的值：常量 INPUT 和常量 OUTPUT。

变量实际是 Arduino 内存中的一个位置，变量可用来储存数据，从而可以通过代码不限次数地改变此变量的值。

在创造一个变量时，需要指定变量的名称、数据类型和值。变量的名字用作标示符，可以用来清晰地解释这个变量的作用，例如使用 radius 会比使用 r 更加明确清晰。而数据类型可以决定此变量值的取值范围和取值类型。例如，对于 int(integer)类型的变量来说，它是在 Arduino UNO 的开发板上一个占用 16 位(2B)的值，其取值范围为 $-32\,768$(-2^{15})～$32\,767$($2^{15}-1$)的整数。在声明变量时，应当说明此变量的类型，而变量的值可以直接赋予，也可以随时改变，只是注意不要出现逻辑矛盾。

下面给出一个最简单的定义变量的例子帮助理解。

```
int i;                          //声明一个类型为 int,名称为 i 的变量
i=1;                            //将 1 赋值给变量 i
```

除此以外，需要注意变量的作用范围。变量分为全局变量和局部变量。全局变量的作用范围包括整个程序的所有函数，例如 setup()函数；而局部变量仅仅对某一函数起到作用，它可以避免变量对其他函数的干扰。

除了结构词和值，还需要了解一些常用 Ardunio 函数的基本知识。下面介绍最常见的 7 个函数，从而对 Arduino 函数有个初步的认识。

■ 4.3.2　常用函数

除了下面介绍的函数以外，Arduino 还有其他许多函数，在遇到的时候可以去

Arduino 官网或找相关资料进行查询。

1. setup()函数

setup()一般放在程序开始的位置。它一般用来初始化变量,设置引脚工作模式,声明使用库等作用。例如:

```
int buttonPin=3;
void setup()
{
  Serial.begin(9600);
  pinMode(buttonPin, INPUT);
}
...
```

在上面的例子中,void 表示此函数为无返回值的函数。在 setup()函数中,先设置了串口的波特率为 9600bps,然后设置了 buttonPin 为输入模式。

2. loop()函数

跟在 setup()函数之后,loop()函数里的内容将被循环执行,一般就主体代码就是被写在 loop()函数中。例如:

```
const int buttonPin=3;
void setup()
{
  Serial.begin(9600);
  pinMode(buttonPin, INPUT);
}
void loop()
{
  if(digitalRead(buttonPin)==HIGH)
    Serial.write('H');
  else
    Serial.write('L');
  delay(1000);
}
```

在上面的例子中,在 setup()函数中初始化了串口,并且设置了 buttonPin 为输入模式,然后在 loop()函数中利用串口检测 buttonPin 输入的数字引脚的值。因为是循环运行,所以会在串口监视器上不停地显示实时的检测值。

3. pinMode()函数

pinMode()用作配置引脚为输入模式或者输出模式。例如:

```
int ledPin=13;                        //定义变量数字引脚 13 控制的 LED 为 ledPin
void setup()
{
  pinMode(ledPin, OUTPUT);            //将此引脚设置为输出模式
}
```

4. digitalWrite()函数

digitalWrite()函数用作给数字引脚写入 HIGH 或者 LOW 常量值。如果一个数字针孔用 pinMode 函数设置为输出模式,那么就可以用 digitalWright()函数控制输出电压。当写入 HIGH 值时,引脚会输出 5V 的电压(某些板会输出 3.3V 电压),当写入 LOW 时,引脚会输出 0V 电压,也就相当于接地(GND)。例如:

```
int ledPin=13;                        //定义变量数字引脚 13 控制的 LED 为 ledPin
void setup()
{
  pinMode(ledPin, OUTPUT);            //将此引脚设置为输出模式
}
void loop()
{
  digitalWrite(ledPin, HIGH);         //引脚输出 5V 电压,LED 亮
  delay(1000);                        //等待 1s
  digitalWrite(ledPin, LOW);          //引脚输出 0V 电压,LED 灭
  delay(1000);                        //等待 1s
}
```

5. digitalRead()函数

此函数会检查参数中指定引脚的电压状态,并返回 HIGH 值(如果电压为 5V 或 3.3V)或 LOW 值(如果为 0V)。例如:

```
int ledPin=13;                        //定义变量数字引脚 13 控制的 LED 为 ledPin
int inPin=7;                          //将一个按钮接在数字引脚 7 并命名为 inPin
int val=0;                            //定义变量 val,并且赋初始值为 0
void setup()
{
  pinMode(ledPin, OUTPUT);            //设置数字引脚 13 为输出状态
  pinMode(inPin, INPUT);              //设置数字引脚 7 为输入状态
}
void loop()
{
  val=digitalRead(inPin);             //读取引脚 7 的数值,将返回值赋给变量 val
```

```
  digitalWrite(ledPin, val);        //根据引脚 7 的数值,设定引脚 13 处 led 的状态
}
```

6. analogRead()函数

模拟输入引脚会将 0～5V 电压转化为 0～1023 的数值,此函数则用来监测指定的模拟引脚的电压读数。例如:

```
int analogPin=3;                 //将电位计连接到模拟引脚 3 上
                                 //电位计另外两端接到 5V 和地 (GND)
int val=0;                       //生命变量 val 用以储存读数
void setup()
{
  Serial.begin(9600);            //  设置串口
}
void loop()
{
  val=analogRead(analogPin);     //读出电位计的输入值
  Serial.println(val);           //在串口检测器上显示,用以调校
}
```

7. analogWrite()函数

此函数通过 PWM 的方式从引脚上输出一个模拟量(范围为 0～255,),能够实现 PWM 输出的引脚包括 14 个数字输入输出引脚中的 3、5、6、9、10 和 11,它和 A0～A5 这 6 个模拟输入引脚没有什么关系。例如:

```
int ledPin=9;                    //引脚 9 上连接 LED
int analogPin=3;                 //引脚 3 上连接电位器
int val=0;                       //声明变量 val 储存值
void setup()
{
  pinMode(ledPin, OUTPUT);       //设置引脚 9 为输出模式
}
void loop()
{
  val=analogRead(analogPin);     //读出输入引脚 3 的值
  analogWrite(ledPin, val / 4);  //模拟输入的取值范围为 0~1023, 模拟输出的取值范
                                 //  围为 0~255,所以需要将引脚 3 读出的值除以 4,输入
                                 //  引脚 9
}
```

■ 4.4　基础原型构建案例

1. 用按键控制 LED 亮灭

按键属于最基本的交互元件。通过按键，可以实现最简单的人为控制。这个案例将设计一个通过按键控制 LED 灯亮灭的实验，当按下按键时，LED 灯亮；当放开按键时，LED 灯灭。

需要准备的实验材料包括：面板、LED、470Ω[①] 电阻、10kΩ 电阻、按键开关。

下面进行电路连接。按照图 4-16 进行电路连接。连接电路时请确保 Arduino 开发板未与计算机连接并且并未通电，同时确保 LED 连接的正确，LED 的长脚需要与电源正极相连(5V)，而 LED 的短脚需要与负极(GND)相连。

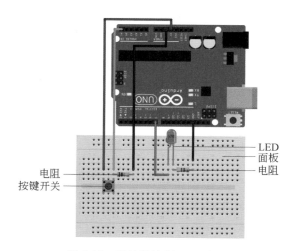

图 4-16　用按键控制 LED 亮灭

连接结束电路之后，打开 Ardunio IDE，输入以下代码：

```
int LED=7;                        //数字引脚 7 连接着 LED
void setup(){
  pinMode(LED, OUTPUT);           //引脚 7 设置为输出模式
}
void loop(){
  int BUTTON;                     //定义变量用来记录按钮状态
  {
    BUTTON=analogRead(5);         //读取模拟 5 口电压值赋给 BUTTON 变量
    if(BUTTON>1000)               //如果电压值大于 1000(即 4.88V)
```

---

① 实际选用的电阻阻值因所用的 LED 不同而不同，具体计算方法请参考 4.1.2 节的相关内容。

```
    digitalWrite(LED, HIGH);        //设置第 7 引脚输出高电位,点亮 LED 灯
  else
    digitalWrite(LED, LOW);         //设置第 7 引脚输出低电位,熄灭 LED 灯
  }
}
```

代码输入结束,用 USB 线将 Arduino 和计算机相连接,单击 IDE 上的“上传”按钮。看到上传成功的提示后,按下按钮,会看到 LED 灯亮起,松开按钮,会看到 LED 灯熄灭。通过上面的案例,大家应该了解了 Arduino 构建原型的整个流程,同时复习了在 4.3.2 节中提到的 digitalWrite( )等函数。

下面将通过另一个案例,继续介绍上面提到的有关 PWM 的知识。

2. 用 PWM 实现 LED 呼吸灯的制作

下面将设计一个可以调节 LED 亮度的实验。调节 LED 灯的亮度,其本质就是让 Arduino 开发板引脚输出可以缓慢、连续地变化的电压。要实现这样的效果,就要首先了解数字信号和模拟信号这两个基本概念。

在数字计算机所用的门电路只有开、关两种状态,对应着二进制 0 和 1。开的时候如果是 1,那么关的时候就是 0。这种只有两种状态的信号,叫做数字信号。

在现实世界中,更多见的是模拟信号。例如温度的变化,它不会只有两种状态,它会有无数的状态,并且可以随着时间发生连续的变化。除了温度以外,声音、颜色、亮度等都是模拟信号。

如果试图控制 LED 的亮度,就需要想办法让只能处理数字信号的 Arduino 微处理器,具有处理模拟信号的能力。而一个可行的解决方案就是采用 PWM 的方式进行控制。PWM(Pulse Width Modulation,脉冲宽度调制)可以让 Arduino 输出跳变的有偏差的近似模拟量,从而能够实现控制 LED 亮度的功能。[①]

如果要进一步理解 PWM,可以用开关控制电灯来举例子。刚开始不停开灯关灯时,可以感到明显的灯光亮暗闪烁,但是如果在开关的速度达到非常快的情况下,因为视觉残留的原因,人们会在达到某一开关灯频率时觉察不到闪烁,看到的会是只有一半亮度的灯。在此基础上,如果延长关灯的时间,缩短开灯的时间,但还是保持在无法感受到开关灯的闪烁的前提下,人们就会发觉灯的亮度进一步变低了。通过类似的原理,PWM 输出了快速跳变的近似模拟量可以更好地理解这种开关频率的变化,如图 4-17 所示。

在 Arduino UNO 中,有 6 个特定的引脚具有 PWM 输出功能。它们就是前面介绍到的数字输入输出引脚中的 3、5、6、9、10 和 11 号引脚。在 Arduino 中,PWM 的分辨率是 256,也就是说引脚输出的 0～5V 被分成了 256 份,每一份的变化大约是 0.02V,所以它输

---

① 程晨. Arduino 开发实战指南 零基础篇[M]. 北京: 机械工业出版社, 2013.

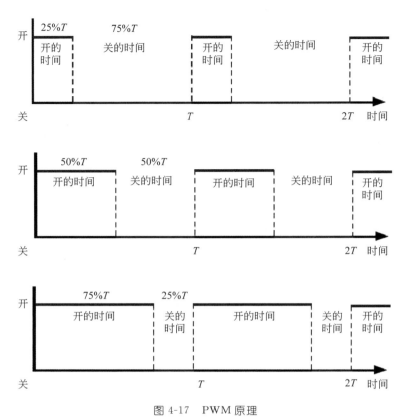

图 4-17　PWM 原理

（图片来源：Massimo Banzi. 于欣龙，郭浩赟译.《爱上 Ardunio》）

出的模拟电压值是以约 0.02V 为单位进行跳变的。

　　理解了 PWM，就可以开始进行本次试验了。本次试验的目标是构建一个可以自动从暗变亮，然后再从亮变暗不停循环往复变化的用亮度在"呼吸"的 LED 灯。

　　需要准备的实验材料包括：面板、LED、470Ω 电阻。

　　下面进行电路连接。请按照如图 4-18 所示电路进行连接。此案例电路图比较简单。

　　连接结束电路之后，打开 Ardunio IDE，输入以下代码。①

```
int LED=9;                          //数字引脚 9 连接着 LED
int i=0;                            //声明变量 i 用作改变模拟电压数
void setup(){
pinMode(9,OUTPUT);                  //设置数字引脚 9 为输出模式
}
void loop(){
  int i;
  for(i=0;i<255;i++){               //从 0 到 255,灯光亮度逐渐变强
```

　　①　BANZI B. 爱上 Ardunio[M].于欣龙，郭浩赟，译.北京：人民邮电出版社，2011.

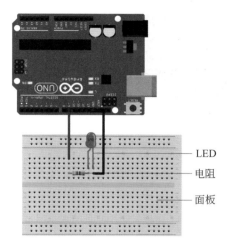

图 4-18　用 PWM 实现 LED 呼吸灯的制作

```
analogWrite(LED,i);                    //输入模拟电压值,控制灯的亮度
delay(8);                              //因为变化速度过快很难察觉,将亮度变化之间间隔设置为 8ms
  }
  for(i=255;i>0;i--){                  //从 255 到 0,灯光亮度逐渐变弱
  analogWrite(LED,i);
  delay(8);                            //间隔 8ms
  }
  delay(30);                           //等待 30ms 为了更像呼吸的节奏
}
```

提示上传成功之后,应当能看到 LED 从亮到弱,然后再从弱到亮,不断循环。上面代码中的一些参数,也可以自行进行更改。

PWM 的用处不仅仅局限在实现灯光渐变,它的用处比较广泛。利用它还可以实现全彩 LED 的混色,控制舵机,调节电动机转速等功能。

3. 用光敏电阻实现光控 LED 灯

Arduino 一个重要的特点是可以外接各种感应装置监控周边的光线、温度、湿度、震动、火焰等物理参数,让 Arduino 具有了拓展功能。本节将利用可以检测光线的光敏电阻制作一个具有感光功能的 LED 灯原型,让大家对传感器的使用有个初步的认识。

本次试验的目标是构建一个可以实时检测外部光线情况的装置,当外部光线暗到某一程度时,灯自动亮起,当光线亮到某一程度时,灯自动熄灭。

需要准备的实验材料包括:面板、LED、470Ω 电阻、10kΩ 电阻、光敏电阻。

按照图 4-19 所示进行电路连接。

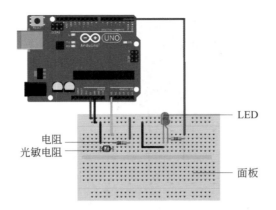

图 4-19 用光敏电阻实现光控 LED 灯

需要注意的是，若购买的是光敏电阻模块，它上面一般会有 3 个引脚，如图 4-20 所示。在使用时，只要按照模块上的标识将 GND 端接地，将 Vcc 端接 5V 电压，将 OUT 端接入 A0（或其他模拟输入端口）即可。无须另加 10kΩ 电阻。

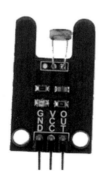

图 4-20 光敏电阻模块

连接结束电路之后，打开 Ardunio IDE，输入以下代码。

```
int photocellPin=0;              //模拟引脚 A0 连接光敏电阻模块,取名 photocellPin
int ledPin=2;                    //数字引脚 2 连接 LED 灯,取名 ledPin
int val=0;                       //定义 val 变量,并设置起始值为 0
void setup(){
  pinMode(ledPin, OUTPUT);       //设置数字引脚 2 为输出模式
}

void loop(){
  val=analogRead(photocellPin);  //读取光敏电阻的感光值
  if(val <=152){                 //512=2.5V,如果想让传感器敏感一些的时候,把数值调高即可
    digitalWrite(ledPin, HIGH);  //当 val 小于 512(2.5V)的时候,LED 亮
  }
  else {
```

```
    digitalWrite(ledPin, LOW);      //当 val 不小于 512(2.5V)的时候,LED 灭
  }
}
```

提示上传成功之后,能看到在外部光线较强时,LED 灯熄灭,当外部光线较弱时,LED 灯亮起。可以用手挡住光敏电阻,查看在黑暗环境下灯自动开启的效果。

■ 4.5　基于 Arduino 的交互式产品原型设计

随着人类社会进入互联网时代,整个设计行业也逐渐带有了一些互联网时代的特征。从交互设计的角度来看,用户体验、微创新、敏捷开发、快速迭代等设计思想都深刻影响了设计方式。在现代设计过程中,虽然具体的实现方式会有所不同,但是整体的设计流程是基本固定的。

交互设计过程是从需求开始,经过用户研究,建立用户角色,发散设计方案,可视化为低保真原型,继而进行从原型到测试的反复迭代一直到最终设计方案的定案。在项目过程中,原型起到了承上启下的重要作用,所以说,原型构建的能力是交互设计师必备的一项技能。

需要指明的是,原型和模型并非是相等的概念。原型是设计概念和想法的具体化,它是用来评估和交流设计想法的一个有效工具,原型一般产生在产品并未最终定案的时期,而模型则需要和最终产品尽可能相近。[①]

原型可以有多种形式,可以是纸面原型、油泥原型或是只包含简单逻辑的界面跳转原型,也可以是包含后台或者整个系统模拟的高保真原型。从交互设计领域来看,因为交互设计更多研究的是人类行为与系统之间的联系,所以静态的原型一般比较难以满足测试和沟通的需要。对于实体互动产品的原型构建,只有用软硬件相互配合来模拟构想中的行为时,才能最大限度地发挥作用。而在软硬件结合方面,Arduino因其简单、开源的特性成为了非常优秀的实体互动产品原型构建工具。

■ 4.5.1　设计方法

原型构建并没有一套清晰的标准化方法,但是基本遵循着"从做中学"的核心思路。原型的构建过程也是设计的重要组成部分,在做出原型的过程中,设计师可能会对问题有更深入的认识,对用户有更深刻的了解,对产品有更广阔的视角。

在构建原型的过程中,可以发现交互式产品原型构建具有以下一些特征。

---

①　华梅立. 交互设计中的原型构建研究[D]. 无锡: 江南大学设计学院,2008.

（1）快捷性。原型存在的最主要原因是构建的快捷性。原型构建追求的是在最短时间内最有效地验证想法的可行性，而不是毫无原则地一味追求原型的保真程度。如果原型的构建时间过长，可能会导致整个开发过程拖沓甚至项目的流产。

（2）灵活性。原型本身是一种工具，它的构建过程应该是以目的为导向的。原型构建最重要的 3 个目的是进行用户验证、促进团队沟通和激发设计想法。在设计和构建原型的过程中，要时刻记住最终的目标，防止在构建原型本身的过程迷失方向，单纯为了构建原型而构建原型的情况发生。

（3）动态性。构建原型的过程不是一次性尝试，而是螺旋上升、不断尝试的过程。原型的动态性就表现在发现了原型的一些不足和疏漏之后，能够及时推出更新的版本，继续迭代，在构建过程中不断接近最终的产品。

（4）系统性。原型的构建和评估需要放在整个产品开发系统中考虑。首先要利用原型推动团队的内部沟通，在团队内部达成共识；同时需要考虑"用户—行为—场景—技术"的四维体系，不能局限于原型本身的功能或形式进行孤立地评估。

在构建原型的实际过程中，每个人都可能形成一些自己的构建方法。下面简单介绍 3 种方法。

① 原型三元素构建方法。苹果公司的 Stephanie Houde 和 Charles Hill 定义了原型制作的 3 个重要的元素，它们分别是功能角色、技术实现和使用体验[1]，如图 4-21 所示。

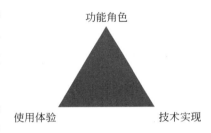

图 4-21　原型三元素构建方法

在设计一个比较复杂的交互系统的原型时，如果整体构建存在比较大的难度，那么就可以考虑从原型三元素的角度考虑，将复杂元素拆解，有针对性地解决这 3 个方面的设计难题。

功能角色方面，更偏向于达成原型某项功能的还原程度，更多集中在产品功能对用户产生的影响和对功能本身的多方评估；技术实现更偏向于对产品实现所采用的技术进行实验，更多的是讨论产品实现时应该采用何种技术或实现手段；使用体验主要考察的是产品带给用户的整体感受，所以更应该模拟出原型与用户的交互过程，用以收集用户的体验反馈。

② 原型目标分类构建方法。除了上面的拆解方法，还可以尝试通过原型的实现目标进行有针对性的构建。依据原型的实现目标对原型进行分类时，需要综合考虑所处的设计阶段和需要解决的主要设计问题。如果还处在方案发散的初级阶段，设计想法尚未明

---

① 　缪璐璐. 基于 Arduino 平台开发交互式产品原型的研究［D］. 上海：上海交通大学，2013.

朗,可以做出大量粗糙而快捷的简单原型,让少量用户进行简单评估即可,这属于探索型原型构建;如果主体想法明确,仅在某个具体问题上出现了争议或者疑问,则可以构建相关的部分原型或者在确定单一变量的情况下进行 A/B 测试,对方案进行比较和筛选;如果设计师要在团队内部传达描述的设计想法,则可以制作一个能够快速、形象地传达设计内容的原型;如果主要用于观察用户反馈,则应该与多个部门协同合作,制作出一个尽可能还原用户体验的原型。总之,在原型构建目标单一的情况下,可以考虑按照原型目标的特点,有针对性地进行原型构建。

③ 模块化原型构建方法。Arduino 一个很大的特点就是利用了模块化思想。所谓模块化思想,就是首先把整体的实现结构和流程规定下来并且定义好每个结构之间的沟通方式,然后将需要实现的整体拆分为可以单独存在的一个个功能块;在需要实现某个功能时,再将这些功能块按照自己的需要进行组合,形成一个整体,就能实现各种复杂的结果。简单地说,模块化思想就像是搭积木,用几个固定形状的小积木块搭建出千变万化的形状。

在原型构建的实际过程中,首先应把需要实现的整体功能拆解成一个个小的功能模块。例如感光 LED 可以拆解为感应光线、数据监控和 LED 亮暗等小的功能模块,然后将这些小的功能模块转化为可以实现的软硬件形式。例如感应光线可以转化为光敏电阻以及在 Arduino 实现光线数据读取的实现代码。按照这种方式将小的模块逐一实现之后,再将这些小模块进行组合,就能得到最终需要实现的整体效果。

需要补充说明的是,因为 Arduino 具有开源特性,所以可以很方便地下载并使用很多 Arduino 库文件。这些库文件是别的开发人员封装好的具有特定功能的小模块,对于一些比较复杂的构建过程,如果找到相关的库文件,会大大提高整体工作效率。

■ 4.5.2 Arduino 的展望

随着物联网技术应用的逐渐升温,对 Arduino 的研究也越来越热门,国内国外有越来越多的人投身到 Arduino 的研究和学习中。

在 2011 年的 Google IO 大会上,Google 公布的 Android 3.1 版本中新增了一个特性,称为 Android Open Accessory,其中采用了 Arduino 作为 Android Open Accessory 的标准。这样就能很方便地实现 Android+Arduino 的强大组合。

Arduino 借助其多样化的控制板类型、开源的软硬件设施、简单的实现方式汇聚了全世界"创客"的智慧,为设计师、艺术家等提供一个方便的平台,让人们能够方便的把自己的想法实现。

Massimo Banzi 是 Arduino 的创始人之一,他对 Arduino 未来发展的展望是,Arduino

会被加入更多的互联网服务、更多的云服务以及更强大的物联网功能。①

如果想进一步学习 Arduino 的知识,推荐以下书籍和网站。

1. 推荐参考书籍

[1] BANZI M. 爱上 Ardunio[M]. 于欣龙 郭浩赟,译. 北京:人民邮电出版社,2011.
[2] 程晨. Arduino 开发实战指南 零基础篇[M]. 北京:机械工业出版社,2013.
[3] 程晨. Arduino 开发实战指南 AVR 篇[M]. 北京:机械工业出版社,2012.
[4] 陈吕洲. Arduino 程序设计基础[M]. 北京:北京航空航天大学出版社,2014.
[5] MCROBERTS M. Arduino 从基础到实践[M]. 杨继志,郭敬,译. 北京:电子工业出版社,2013.
[6] 刘玉田. 用 Arduino 进行创造[M]. 北京:清华大学出版社,2014.
[7] 赵英杰. Arduino 互动设计入门[M]. 北京:科学出版社,2014.
[8] 孙骏荣. Arduino 一试就上手[M]. 北京:科学出版社,2013.

2. 推荐网站与论坛

可以在国内外一些著名的 Arduino 相关的论坛或网站进行交流、学习。

[1] Arduino 官网. http://www.arduino.cc/
[2] Arduino 中文社区. http://www.arduino.cn/
[3] 极客工坊(Arduino 板块). http://www.geek-workshop.com/forum-49-1.html

■ 4.6 本章小结

Arduino 包含快速构建实体交互产品原型的软硬件两个平台。它的硬件平台主要包括 Arduino 开发板和各类元件。而其软件平台是指 Arduino 集成开发环境,主要通过 Arduino 编程语言进行程序控制。为了能准确搭建硬件模块,需要掌握一些电学和电路基础知识;想要准确运用 Arduino 软件开发环境,就需要对 Arduino 语言中的结构词、值以及函数有所了解。一定要记住的是,如果想要真正学会学懂 Arduino,就必须多动手操作,读者在熟悉了本书的基本案例之后,通过不断地学习和探索,一定会在 Arduino 的原型构建的过程中体会到设计的快乐。

■ 参考文献

[1] Products[EB/OL]. http://www.arduino.cc/.
[2] 百 度 百 科. 色 环 电 阻 [EB/OL]. http://baike. baidu. com/link? url = YxI-

---

① BANZI M. Arduino[EB/OL]. http://www.leiphone.com/massimo-banzi-chaihuo.html.

IBiiPcbaZjfw6VxshS5m54UkgfVYKrxa_uTT-50i2IBuV3TZGpqtGqGlVy1T.

［3］　程晨. Arduino 开发实战指南 零基础篇［M］. 北京：机械工业出版社，2013.

［4］　BANZI M. 于欣龙，郭浩赟，译. 爱上 Ardunio［M］. 北京：人民邮电出版社，2011.

［5］　华梅立. 交互设计中的原型构建研究［D］. 无锡：江南大学设计学院，2008.

［6］　缪璐璐. 基于 Arduino 平台开发交互式产品原型的研究［D］. 上海：上海交通大学，2013.

［7］　BANZI M. Arduino［EB/OL］. http：//www. leiphone. com/massimo-banzi-chaihuo. html.

第5章

设计实践

本书前面章节主要介绍了交互设计的概念、研究方法、设计流程和原型的制作。本章内容为设计实践，希望通过具体案例让读者对交互设计的理念以及设计方法有更深入的理解。读者也可以根据案例描述分组自行设计相关产品，多参与沟通交流，提升设计能力。

本章将介绍的内容如下：

（1）案例背景及相关材料描述；

（2）前期研究方法；

（3）设计流程；

（4）产品输出。

■ 5.1 案例背景及相关材料描述

■ 5.1.1 背景及设计要求

背景描述：如今，网购在大学生群体中早已成为最受青睐的购物方式。校园内部人员密集、快递集中，因此校园中建立快递中心也随即成为大学城中不可或缺的配置。但是由于快递量以及取件人员流量的急剧增加，加之快递分发不合理等原因，导致快递中心存在的取件难、人流拥挤等问题，取件场所人员嘈杂拥挤、忙乱，严重影响到学生的取货效率和情绪。

要求：以江南大学校园快递中心——"菜鸟驿站"为具体场景，设计相应产品解决当前的快递取件问题，提升取件过程的用户体验。

设计团队成员：江南火鸟设计工作室。

■ 5.1.2 相关材料

地点：江南大学。

课程时间：如表 5-1 所示。

表 **5-1** 课程时间

上　　午		下　　午		晚　　上	
第一节课	8:00-8:45	第一节课	13:30-14:15	第一节课	18:30-19:15
第二节课	8:50-9:35	第二节课	14:20-15:05	第二节课	19:20-20:05
第三节课	9:55-10:40	第三节课	15:25-16:10	第三节课	20:10-20:55
第四节课	10:45-11:30	第四节课	16:15-17:00		
第五节课	11:35-12:20				

"菜鸟驿站"快递中心取件时间：8：00—18：00；

快递中心位置，如图 5-1 所示。

图 5-1　快递中心地理位置

■ 5.2 用户调研及需求分析

经过对案例背景材料的了解,设计团队首先进行了初步的实地调研分析,使用观察法研究整个取件流程及学生、快递中心人员的操作行为,在确定初步的深入调研方案后,设计相关调研问卷,进行问卷调研和深入访谈,深入了解用户需求。

■ 5.2.1 观察法实地调研

通过连续两天的实地观察调研,采集了相关的视频影像数据,汇总后得到了一些基本的数据信息,包括取件人群性别比例和一天中的取件人流分布。

从性别分布来看,男生和女生的取件比例约为 2∶3,如图 5-2 所示,女生人数多于男生。这也与女性的网购次数较多有关。基于女性用户体力小等特征,在后期的设计时,可以略偏向于女生群体作为设计方向,解决取大件物品的问题。

取件时间内人流分布如图 5-3 所示。

图 5-2 取件人群性别比例

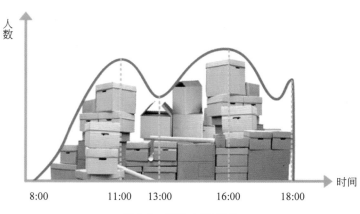

图 5-3 取件人流分布

■ 5.2.2 问卷调研

在初步了解快递取件的问题后,团队成员制作了一份调研问卷。鉴于手机端用户人群庞大,问卷中初步拟定了一个针对此问题的移动应用产品解决方案。由于调研的目的是为了发掘问题,对于用户满意度的研究需求不是很大,因此调研问卷中没有使用满意度量表形式的问题。问卷完成后首先进行了一次预调研,调研人数为 40 人。

快递取件调研问卷（预调研）

访问地点：<u>江南大学</u>　　访问时间：＿＿＿＿＿＿　　访问员：＿＿＿＿＿

您好，为了解决当前学校快递中心取件难的问题，优化取件服务流程，我们特邀您参加此次问卷调查。您的宝贵意见和建议将对快递取件流程产生重要影响。本问卷中的问题并无对错，您可依据自身情况进行填写，我们将对结果保密，感谢您的配合！调查完成后，我们将赠送您一件小礼物作为感谢。

衷心感谢您的合作！

江大学大学设计学院　　江南火鸟设计工作室

负责人：×××　　联系电话：××××××××××

××××年××月××日

1. 您每月的网购次数？请在合适的选项上打"√"。

　　A. 0～2 次　　　　　　B. 3～5 次　　　　　　C. 5 次以上

2. 您每月一般取几次快递？请在合适的选项上打"√"。

　　A. 0～2 次　　　　　　B. 3～5 次　　　　　　C. 5 次以上

3. 您的取件时间段一般在什么时候？请在合适的选项上打"√"。

　　A. 8:00—12:00　　B. 12:00—14:00　　C. 14:00—18:00

4. 您认为快递中心取件效率怎样？请在合适的选项上打"√"。

　　A. 较高　　　　　　B. 一般　　　　　　C. 较低　　　　　　D. 很低

5. 收到快递中心的通知后，如果有以下的方式取快递，您更倾向于哪一种？（多选）请在合适的选项上打"√"。

　　A. 马上去取　　　　　　　　　　　B. 下课后

　　C. 他人代取　　　　　　　　　　　D. 预约时间取件

6. 当遇到人流较大的时间段时，您会如何做？请在合适的选项上打"√"。

　　A. 耐心等待　　　B. 离开，另找时间取　C. 其他

7. 您认为哪种取快递方式比较合理？请在合适的选项上打"√"。

　　A. 自取　　　　　　B. 无类别报号　　　　　　C. 分公司报号

8. 您取快递时遇到过的问题？（可多选）请在合适的选项上打"√"。

　　A. 物品损坏　　　B. 物品丢失　　　C. 快递收发点工作效率低

　　D. 工作人员服务态度差　　　　　　E. 快递公司信息通知不及时

　　F. 个人信息泄露　　　　　　　　　G. 大件物品拿不动

　　H. 其他＿＿＿＿＿＿

9. 您对快递中心的服务感到满意吗？请在合适的选项上打"√"。

　　A. 满意　　　　　　B. 一般　　　　　　C. 不满意

10. 您是否愿意支付一定费用来拥有自己专属的快递储物柜？请在合适的选项上打"√"。

      A. 愿意   B. 不愿意

11. （承接上题）您认为一个月怎样定价是合理的（单位：元）？请在合适的选项上打"√"。

      A. 0～5   B. 5～15   C. 15～25   D. 25～35

      E. 35～45

12. 您对当前快递公司有哪些建议？

_____。

13. 请讲一下自己，不留姓名，<u>绝对保密</u>！，请在合适的选项上打"√"。

您的性别：1. 男____   2. 女____

您的年龄：1. 18 岁以下____   2. 18～22 岁____   3. 23～25 岁____

          4. 25～29 岁____   5. 30 岁及以上____

您的文化程度：1. 本科____   2. 研究生____   3. 博士生及以上____

您每月的生活费：1. 500 以下____   2. 500～1000____   3. 1000～1500____

           4. 1500～2000____   5. 2000～2500____   6. 2500～3000____

           7. 3000～3500____   8. 3500 以上____

您每月网购花费：1. 50 以下____   2. 50～200____   3. 200～500____

           4. 500～1000____   5. 1000～2000____   6. 2000 以上____

    预调研结束后，可删除一些重复、无效的问题，修改部分问题提问方式，对顺序进行合理后进行大范围发放。除了实地发放以外，利用校园论坛、QQ 群、微信等网络工具也可以进行问卷发放。

快递取件调研问卷（预调研）

访问地点：<u>江南大学</u>   访问时间：_____   访问员：_____

    您好，为了解决当前学校快递中心取件难的问题，优化取件服务流程，我们特邀您参加此次问卷调查。您的宝贵意见和建议将对快递取件流程产生重要影响。本问卷中的问题并无对错，您可依据自身情况进行填写，我们将对结果保密，感谢您的配合！调查完成后，我们将赠送您一件小礼物作为感谢。

    衷心感谢您的合作！

                        江南大学大学设计学院   江南火鸟设计工作室

                        负责人：×××　联系电话：×××××××××××

                                  ×××× 年 ×× 月 ×× 日

1. 您每月因网购一般会去取几次快递？请在合适的选项上打"√"。

    A. 0～2 次   B. 3～5 次   C. 5 次以上

2. 您的取件时间段一般在什么时候？请在合适的选项上打"√"。

    A. 8:00—12:00   B. 12:00—14:00   C. 14:00—18:00

3. 每次取快递花费时间？（不包括路途耗时）请在合适的选项上打"√"。

    A. 15 分钟内   B. 15～30 分钟   C. 30 分钟以上

4. 收到快递中心的通知后，如果有以下的方式取快递，您更倾向于哪一种？请在合适的选项上打"√"。

    A. 马上去取   B. 下课后

    C. 他人代取   D. 预约时间取件

5. 您认为快递中心取件效率怎样？请在合适的选项上打"√"。

    A. 较高   B. 一般   C. 较低   D. 很低

6. 当遇到人流较大的时间段时，您会如何做？请在合适的选项上打"√"。

    A. 耐心等待   B. 离开，另找时间取   C. 其他

7. 您认为哪种取快递方式比较合理？请在合适的选项上打"√"。

    A. 自取   B. 无类别报号   C. 分公司报号

8. 您取快递时遇到过的问题？（可多选）请在合适的选项上打"√"。

    A. 物品损坏   B. 物品丢失   C. 快递收发点工作效率低

    D. 工作人员服务态度差   E. 快递公司信息通知不及时

    F. 个人信息泄露   G. 大件物品拿不动

    H. 其他_____

9. 您是否愿意支付一定费用来拥有自己专属的快递储物柜？请在合适的选项上打"√"。

    A. 愿意   B. 不愿意

10. （承接上题）您每个月愿意为自己的储物柜付多少钱？（单位：元）请在合适的选项上打"√"。

        A. 0～5   B. 5～15   C. 15～25   D. 25～35

        E. 35～45

11. 您对当前快递公司有哪些建议？请在合适的选项上打"√"。

_____。

12. 请讲一下自己，不留姓名，<u>绝对保密</u>！，请在合适的选项上打"√"。

您的性别：1. 男____   2. 女____

您的年龄：1. 18 岁以下____   2. 18～22 岁____   3. 23～25 岁____

            4. 25～29 岁____   5. 30 岁及以上____

您的文化程度：1. 本科＿＿＿　2. 研究生＿＿＿　　3. 博士生及以上＿＿＿

您每月的生活费：1. 500 以下＿＿＿　　2. 500～1000＿＿＿　　3. 1000～1500＿＿＿

　　　　　　　　4. 1500～2000＿＿＿　5. 2000～2500＿＿＿　6. 2500～3000＿＿＿

　　　　　　　　7. 3000～3500＿＿＿　8. 3500 以上＿＿＿

您每月网购花费：1. 50 以下＿＿＿　　2. 50～200＿＿＿　　　3. 200～500＿＿＿

　　　　　　　　4. 500～1000＿＿＿　5. 1000～2000＿＿＿　6. 2000 以上＿＿＿

■ 5.2.3　焦点小组

问卷调研结束后，小组成员大致对当前的快递取件现状有了初步的了解。在归纳整理了部分问题后，输出了相应的访谈提纲，随机邀请了在校学生进行了一次焦点小组访谈，进行更深入的用户调研，如图 5-4 所示。

图 5-4　组织焦点小组访谈

访谈脚本如表 5-2 所示，其中截取了两位用户的答案。

表 5-2　两位用户的答案

Q：	大家能谈一谈初次去取快递的过程吗
A1：	那时候还好，但是后来快递点儿设在小东门之后简直崩溃了！刚开学那会儿乱的要死，每天取快递的人多得要死，快递效率又不高，这甚至让我一度差点戒掉了网购
A2：	有时候买的东西有些多，是通过不同的快递公司送货的，结果都不知道该去哪个地方取，总弄乱了，发的短信里也不说清楚
Q：	因为大家都是在校学生，因此时间的安排比较一致，所以就会出现人特别多的情况，例如去食堂吃饭、到球场打球什么的，当然，还有取快递的时候。相信大家去取快递的时候一定都会碰到人特别多的情况吧？大家在那个时候都是怎么想、怎么做的呢
A1：	碰到人很多的时候，如果我不忙就慢慢等，如果比较着急就直接离开，等过几天人少的时再来取，反正快递公司会保存几天的。喊号的时候经常喊不到这儿，让我很郁闷；还有就是人多的时候虽然本身不急，但是人挨着人的还是很容易心烦啊，经常会遇到插队的，最前面的一个人代领好几个人的，太讨厌了。现在还得给工作人员报自己的取货号，如果前面有人挡着，我这个身高根本看不到前面，也不知道他们是不是听到并且把自己的号码记住了；还有就是取得太慢了，不知还要等多久，就算是不着急，耐心也感觉随时会被耗尽

A2:	无奈啊,但有没有别的办法。有时取件的地方离宿舍很远,我又不可能走了再挑个别的时间回来取,太得不偿失了。所以就只好硬着头皮等着了,不过确实太熬人了,再赶上阴天下雨的,心理就特别郁闷,别提了! 不过吧,有时候去多了,会避过高峰期去取,但是这个都说不准啊,太不确定了,短信不知道什么时候就发过来了,所以还是比较随意的,赶上人多只好认倒霉喽
Q:	看来大家对于去取快递还是怨念很深的呀,那么大家觉得快递中心有哪些还可以改进的地方呢? 或者对于取快递,大家有什么好的想法没有? 可不可以具体说说
A1:	我觉得快递中心需要做一个快递存储和领取的系统解决方案,仔细分析取快递人的每个接触点,设计合理的取快递流程,最大化的利用快递中心空间,尽量使人流单向前进;另外我认为应该取消报号码取快递的这种机制,真是太原始、太没有效率了
A2:	我觉得快递中心可以安排好时间啊,一个时间区间放特定数量的快递,如果那个时间正好没空去取的话,可以第二天再去,嗯……或者干脆和别人换个时间段再去取,不过怎么换吧,我还没想过

■ 5.2.4 调研小结

调研结束后,整理了手中的相关材料,针对目标人群、行为过程等方面进行了分析,得出如下结果:

目标用户为在校大学生群体,行为相似度较高。

快递取件原因主要为网购物品,其次为寄送物品。而取件高峰时间集中于下课后,下午较上午取件人数多。

快递中心短信通知时间较为集中,导致学生取件集中到某一具体时间段。

采用叫号制度无法维持良好取件秩序,人员效率低。

绘制如图 5-5 所示的快递取件研究信息图。

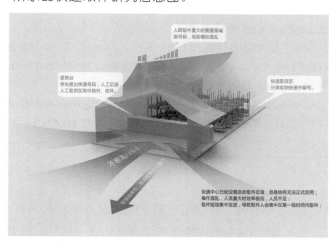

图 5-5 快递取件研究信息图

■ 5.3 建立人物角色模型和场景剧本

前期调研得出了相关结论,可用于设计创新的点有很多,下面要做的就是从调研的结果中提炼出典型的用户特征,构建具有血肉的、鲜明特色的人物角色模型,明确一个具体的设计方向。团队经过分析讨论后,构建的人物角色模型如图 5-6 所示。

主要人物角色

信息概括

姓名:马晓伊

学院:设计学院　　　兴趣爱好:漫画、设计狂人、网购

年级:大三　　　　　家庭背景:独生子女,经济富裕

主要问题:快递多,作业多,长时间等待浪费时间。

主要原因:同学们集中取快递,快递公司发送短信通知时间不固定

个人描述

现在是在江南大学设计学院工业设计专业大三学生,在校学生会担任宣传部部长职务,热爱学习,热爱社团活动和工作,曾获得红点设计大奖,每天都要在网上逛 5 个小时以上,其中作为一个设计狂人,热衷于选购各种创意小产品。

问题描述

随着近年来网购的兴旺,学校里的快递事业也如火如荼,从以前每个快递公司分开派件;到后来学校里成立的快递超市,将所有快递公司集合于一地,学生报号,快递员帮取件;到现在成立南北校区快递中心,每个校区驻扎不同的快递公司,学生进入快递超市在摆放好的柜台上自己根据序号来找自己的包裹。

尽管一次又一次的改变,但学生收取快递仍然越来越麻烦。但这也丝毫不影响学生们的网购热情。最近,为了完成某个产品设计作业,又逢“双十一”活动,所以晓伊购入了大批作业工具和个人护肤用品。

两天过后,东西陆陆续续寄来了,因为每个快递的通知时间都不一致,晓伊刚从快递中心拿到东西回到宿舍,又收到了另一个快递公司的短信,这时候晓伊踩纠结着想留到明天去拿,但又迫不及待地想看到买的东西,只能无奈地再跑快递中心一趟。在快递中心找自己的快递、排队、等待……那些塑料包装的味道一天之内呛了晓伊好几次,恰好“双十一”过后,宿舍其他人都不在,自己一个人取快递的日子好难过啊。

图 5-6　人物角色模型

通过人物角色模型,更加明确了目标用户需求的出发点及其行为背后的动机以及用户所期待达到的目标。在此基础上,为了保持团队成员的认知一致性,让团队其他成员能更加直观地了解到用户需求、用户目标等研究结果,负责前期用户研究的成员为以上的人物角色编写了两个小故事,并绘制了形象生动的场景图来体现用户需求。场景剧本内容如下:

场 景 剧 本

到了 11 月,马晓伊真是进入了一个"丰收"的季节。不过,这显然不是农民伯伯的粮食丰收,而是"课程作业"的大丰收,各种课程作业接踵而至……但是,尽管晓伊和她的小伙伴们都在争分夺秒、马不停蹄的赶作业,也不会忘了另一件需要丰收的大事——"双十一"大败家。"双十一"当天,晓伊在天猫、淘宝、京东、唯品会等电商平台上购买了化妆品、护肤品、衣服、鞋子……当然,还有她们团队做作业需要的材料。

两天后,课程作业的时间相当紧了,每个人都忙得顾不上去厕所,而"双十一"期间的快递陆陆续续地来了,这些快递"均匀"地分散在了校园南区快递中心、北区快递中心,临时停车的报刊亭等位置,但就是没有送货上门的服务。

晓伊跑来跑去拿快递,也找不到人帮忙去取。她的同学或是因为快递没来不能帮她顺便领取,或者也是和她一样没空,总之因为快递总会引出各种让人心烦的事情,让晓伊感到心力憔悴。

其实,自己如果能很快拿到快递,就算是"四处奔波"也没什么问题,最令晓伊感到无奈和焦虑的是在快递中心排队的长龙也让晓伊宝贵的时间无形流失,这对于繁重作业"压身"的她来说,简直就是在"谋杀"啊。

以上为团队创建的场景剧本。根据剧本描述,创建了如图 5-7 所示的场景图来体现用户需求和痛点。

图 5-7　场景图

图 5-7（续）

■ 5.4　概念设计

通过前面的调研、分析及团队讨论后，决定设计一款移动应用产品——"快递帮"来解决学生取快递难的问题。"快递帮"是为校内同学搭建的一个乐于助人，帮忙代领快递的平台。作为代领快递的一个应用，在设计过程中首要考虑的问题有以下几点。

（1）信任问题。在虚拟的网络中，如何让大家信任对方来帮忙领快递，是该应用能否拉动用户使用的一个先决条件。因此，"快递帮"将与学校系统绑定，无须注册即可使用，同学们将使用自己的学号、默认身份证后六位作为密码进行登录。这样就区分了目标用户与非目标用户，保证了用户人群的单纯性，也有利于保证在帮取快递过程中的安全程度，增强同学们之间的信任感。

（2）推广及留存问题。如何激励同学使用，即如何提高用户黏度的问题。作为一个无偿的快递代领平台，"快递帮"通过"热心指数"和"求帮指数"作为活跃指标，在推广过程中可将"我为人人，人人为我"作为理念，让那些乐于助人的人，在需要帮忙时将会对其需求进行推送，让更多的人看到，从而帮助他。

（3）信息问题。在整个软件中最关键的流程是有需求：发出需求，别人查看需求，帮忙，完成帮忙。作为平台本身，需要让用户以最快的速度确定快递包裹的基本信息，例如包裹大小，对方希望什么时候送到什么地方等。而这些信息还不够，但已经足以激起一个人是否想帮对方领快递的欲望了，这时候需要进一步的获取快递信息，使用拨打电话的方式来进行直接联系，并获得快递单号或序列号。

■ 5.5 信息架构设计

在概念设计的基础上,将"快递帮"的功能模块进行分类汇总,形成信息架构一览表,为后面的细化设计铺垫。移动端应用的特点是界面小而信息多,许多软件在设计时不顾一切的添加功能反而会造成用户产品可用性、易用性差,因此在信息架构的设计上,压缩了信息层级,保证应用的易用性。

在讨论确定了"快递帮"应该具备的主要功能模块后,小组邀请部分用户进行了卡片分类活动,以帮助确定最优的、最符合目标用户认知的信息层级。活动中采用开放式和封闭式相结合的方式,用户可以利用已有的卡片内容进行分类,也可自行标出自己认为应该具备的功能,但是要使用特殊标记标出来。活动开场及具体过程在此不再赘述,其中一个小组的卡片分类结果如图 5-8 所示。

图 5-8　卡片分类结果

经过对多个小组的卡片分类结果进行分析,用户认知中认为最主要的信息是"发布信息""代领快递"和"个人资料"的内容,这也是比较同意的认知。但是在每个层级内部的设定当中,差异化逐渐显现出来,对于各个模块的权重关系有了明显的差别。经过后期小组成员的比对分析,确定了"快递帮"的主要 3 个功能模块"个人资料""我来帮""求帮忙",这也是与用户的卡片分类结果一致的。每个功能模块之下的信息层级则都是浅而扁平的。因为功能少而专,用户使用更方便;信息层级浅而扁平,用户不会感到迷茫和混乱。"快递帮"最终的信息架构如图 5-9 所示。

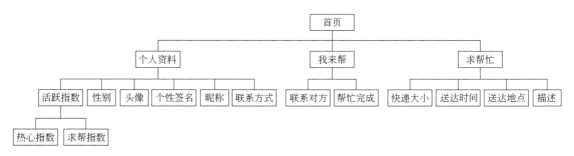

图 5-9 "快递帮"信息架构

5.6 流程设计

在流程图的绘制中,应当梳理整体的流程信息,而不必过于拘泥细节。因此根据信息架构中的 3 个功能模块,将流程图分成主要的 3 条线路:"我来帮""求帮忙"和"个人资料",如图 5-10 所示。

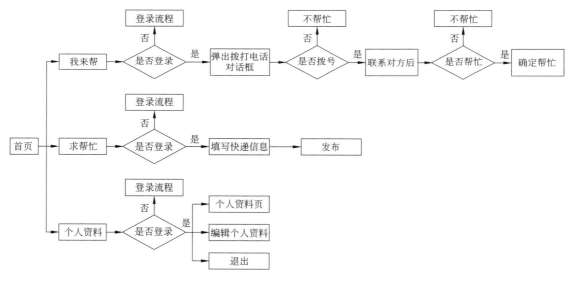

图 5-10 操作流程图

(1)"我来帮"模块。在已登录的前提下,用户在"我来帮"模块中一旦触发"我来帮"的命令,就会弹出"是否拨打对方电话"的对话框,在该对话框中,可选择"拨号"或者"取消","取消"则放弃帮忙,选择"确定"后即可联系对方了解快递的详细信息。通话过程让用户与对方进行进一步地沟通,确定是否真的要帮忙。通话结束后页面跳转回应用页面,此时系统弹出一个对话框,用于确定经过沟通后的最终结果。这样可保证用户确实可以帮到对方,通过电话进行具体沟通可更高效地让用户做出是否帮忙的决定。

（2）"求帮忙"模块。求帮忙流程在设计上则相对简洁。在提出该需求后，填写相应的快递信息即可发布出去，等待别人来帮忙。

（3）"个人资料页"模块。在个人资料页中包括了在信息架构中看到的相关信息，也可对其进行编辑，退出个人账号等操作。

（4）登录流程。如图 5-11 所示，在进入每一个功能模块后，后台都会进行一次是否登录的判断，这样即可保证用户虽然进入了首页看到相关需求，但是如果不使用学号和相应的密码进行登录便无法进行操作，避免流程上的本末倒置。因为登录流程在主题流程中出现了 3 次，为了让整体流程更清晰明了，将登录流程单独绘制。

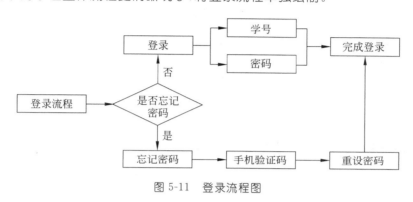

图 5-11   登录流程图

■ 5.7   线框图绘制

线框图属于产品的低保真原型，也是从构思到落实的第一步，其绘制顺序根据流程图来进行，从产品首页开始分发出各个功能流程。这样才能保证前期构思的功能无遗漏地在设计中呈现出来，并且也有利于将所有跳转、反馈的页面都设计出来。

（1）"我来帮"和"求帮忙"流程下的界面及交互设计。"快递帮"的信息层级是浅而扁平的，因此在首页中，将其主要功能"我来帮"和"求帮忙"均放在第一层级，用户无须进入下一层级即可操作。如图 5-12 所示，首页采用了卡片形式，每个卡片展示一个需要帮忙取快递的用户及其相关信息。在卡片的呈现内容上，右侧按钮是主要的交互行为载体，用户可点击"我来帮"按钮进行帮忙的操作，此时系统弹出"联系他人"对话框，用户可联系需要对方商议具体细节。结束通话后，返回原页面，弹出反馈对话框，确认是否真的要帮忙，确认后即可完成代取快递在应用上的操作，而用户卡片上的按钮文案更新为"有人帮啦"，点击"取消"按钮，则取消该次联系，返回首页；除了主要的操作按钮，卡片上主要显示的信息依次为用户头像、昵称、热心指数、快递描述及送达的时间和地点。其中快递描述和送达的时间、地点信息是卡片上需要露出的重要信息，也是用户判断是否能够带领的主要因素。

图 5-12 "我来帮""求帮忙"交互流程线框图

其中,"求帮忙"页面处于层级最高的位置,不跟随页面滑动消失,始终呈现在页面内,方便用户快速发布需求。当用户触发该按钮后,可进入"求帮忙"页面,该页面主要是需要填写快递相关信息及送达的时间和位置信息。填写完成后回到首页,发布的内容在页面内置顶显示,同时页面弹出发布成功的提示反馈给用户。另外需要强调的是,在线框图中对于界面设计和布局中出现需要注释说明的,需进行标注并在页面旁边加以说明。

(2)个人资料页设计。个人资料页的设计中包含了用户的基本信息,进行设计时需要考虑信息呈现的优先级问题,在界面中哪些信息是重要的、次重要的、不重要的或者可忽略的。个人资料页包含两种状态:访客态和主人态。在设计中一个界面出现两种状态时需要做区别化设计，如图 5-13 所示。

图 5-13　个人资料页线框图

对访客来说，个人资料页是了解对方的唯一区域，在这里它可能会通过学号验证对方是否为他认识的同学；从个性签名中可以看出这个人的性格；此处的联系方式是除了在首页中直接拨打电话外可找到手机号码的唯一途径，便于同学之间线下的沟通交流；最后一项热心指数是查看对方活跃度或者热情度的唯一指标，在该栏目中显示热心指数数值，因为对于平台来说，期待鼓励同学之间更多帮助热情乐于助人的人，从而形成良性的循环。

相对于访客态，主人态的界面中可完成编辑个人资料、退出账号等操作。

（3）登录。根据前面绘制的"登录"流程，将界面原型绘制出来。其中主要考虑的问题是页面的布局，因为登录操作主要涉及的是信息输入过程，因此页面中需要唤起系统输入法，这时可设计的页面基本上只有整个页面的一半，因此如何排布消息是需要重点考虑的问题，如图 5-14 所示。

图 5-14　登录页面线框图

以上是团队根据前期分析、梳理设计出的产品线框图，也就是低保真原型。这些线框图不是一次性就可完成的，也是经过几次更新迭代后输出的。初期的线框图就其交互的完整性阐述和产品中突发情况预想等来说可能并不完整，但作为原型来说，没有一次就能完成的方案。正如在前面原型设计章节中提到的，原型的价值就在于不断发现问题，使方案快速迭代，每一次原型设计都是一次试错。因此，以上方案也仅是一次试错的过程和结果。

■ 5.8　视觉设计

根据线框图所示的界面布局和整体的交互流程便可行视觉设计。在视觉设计过程中，用户界面的成员对部分布局、色彩、文案等方面进行了微调，使得整个应用更具有整体性，视觉上更加统一。主要界面的视觉设计效果如图 5-15 所示。

从视觉稿可以看出，界面设计倾向于扁平化风格，更有利于用户专注于任务，避免过多的视觉干扰；在界面色彩上选取了蓝色调，从心理学上来讲，蓝色给人更多的是信息、放松、抚慰的感受，这也与应用的设计定位相一致，而且蓝色给人一种活力感，易于被大学生群体接受；在首页的卡片设计中，重点的快递信息通过色彩进行了区分，突出了权重的划分，易于用户更快地捕捉。

图 5-15　视觉稿

■ 5.9　本章小结

通过"快递帮"这一设计案例的过程展示，希望读者能够明确在设计过程中各个环节是如何衔接的。如果把设计一款产品当成是种一棵树，如图 5-16 所示，那么前期的调研就是在合适的地方、合适的土壤；概念设计则是在确定需要购买什么样的树苗；信息架构是具体买回来的这棵的树干、树枝，每一根树枝上都有一片叶子或者许多叶子；流程图则是如何从树干到达树叶的路径流程；产品界面是这棵树上的每一片叶子，低保真原型就是每片叶子上的脉络，而视觉设计就是这叶子上的色素和色彩，最终构成了美丽的一棵树。可以想象要种植一颗美丽的树，需要各个方面相互协调，除了树本身的设计外，还有养料的营销和推广等因素。在产品设计过程中，做好每一个环节，才能让产品之树长成参天大树。

图 5-16　产品之树模型

附录 A

推荐书目

本附录列出了学习产品交互设计应该关注的经典书籍。分 4 类推荐给读者：

交互设计类推荐书籍；

用户体验类推荐书籍；

心理学类推荐书籍；

设计调研类推荐书籍。

■ A.1 交互设计类推荐书籍

[1] COOPER A. About Face 4：交互设计精髓[M]. 倪卫国，刘松涛，等译. 4 版. 北京：电子工业出版社，2015.

[2] SAFFER D. 交互设计指南[M]. 陈军亮，等译. 2 版. 北京：机械工业出版社，2010.

[3] 大卫·贝尼昂. 交互式系统设计：HCI、UX 和交互设计指南 [M]. 孙正兴，等译. 3 版. 北京：机械工业出版社，2016.

[4] KOLKO J. 交互设计沉思录：顶尖设计专家 Jon Kolko 的经验与心得[M]. 方舟，译. 北京：机械工业出版社，2012.

[5] KRUG S. 点石成金：访客至上的网页设计秘笈[M]. DE DREAM，译. 北京：机械工业出版社，2006.

[6] 贾尔斯·科尔伯恩. 简约之上：交互式设计四策略[M]. 李松峰，等译. 2 版. 北京：人民邮电出版社，2018.

[7] 克拉克. 触动人心——设计优秀的 iPhone 应用[M]. 包季真，译. 北京：电子工业出版社，2011.

[8] ANDERSON S P. 怦然心动：情感化交互设计指南[M]. 侯景艳，胡冠琦，徐磊，译. 北京：人民邮电出版社，2012.

[9] HOEKMAN R Jr. 瞬间之美：Web 界面设计如何让用户心动[M]. 向怡宁，译. 北京：人民邮电出版社，2009.

[10] HOEKMAN R Jr. 一目了然：Web 软件显性设计之路 [M]. 何潇，译. 北京：机械工业出版社，2008.

[11] WODTKE C，GOVELLA A. 锦绣蓝图：怎样规划令人流连忘返的网站[M]. 北京：人民邮电出版社，2009.

[12]　WROBLEWSKI L. Web 表单设计：点石成金的艺术[M]. 卢颐，高韵蓓，译. 北京：清华大学出版社，2010.

[13]　李四达. 交互设计概论[M]. 北京：清华大学出版社，2009.

[14]　NIELSEN J，BUDIU R. 贴心设计：打造高可用性的移动产品[M]. 牛化成，译. 北京：人民邮电出版社，2013.

[15]　李世国，顾振宇. 交互设计[M]. 北京：中国水利水电出版社，2012.

[16]　赵大羽，关东升. 品味移动设计：iOS、Android、Windows Phone 用户体验设计最佳实践[M]. 北京：人民邮电出版社，2013.

[17]　鲁奇克，凯兹. NONOBJECT 设计[M]. 蒋晓，等译. 北京：清华大学出版社，2012.

[18]　傅小贞，胡甲超，郑元拢. 移动设计[M]. 北京：电子工业出版社，2013.

[19]　HEIM S. 和谐界面——交互设计基础[M]. 李学庆译. 北京：电子工业出版社，2008.

[20]　刘伟. 走进交互设计[M]. 北京：中国建筑工业出版社，2013.

[21]　BANGA C，WEINHOLD J. 移动交互设计精髓——设计完美的移动用户界面[M]. 傅小贞，张颖鋆，译. 北京：电子工业出版社，2015.

[22]　PRATTA. ，NUNES J. 交互设计——以用户为中心的设计理论及应用[M]. 卢伟，译. 北京：电子工业出版社，2015.

[23]　刘伟. 交互品质——脱离鼠标键盘的情境设计[M]. 北京：电子工业出版社，2015.

[24]　STEPHANIDIS C. 人机交互：以用户为中心的设计和评估[M]. 董建明，等译. 5 版. 北京：清华大学出版社，2016.

[25]　GREEVER T. 设计师要懂沟通术[M]. UXRen 翻译组，译. 北京：人民邮电出版社，2017.

[26]　詹妮·普瑞斯. 交互设计：超越人机交互[M]. 刘伟，赵路，等译. 4 版. 北京：机械工业出版社，2018.

[27]　本·施耐德曼. 用户界面设计—有效的人机交互策略[M]. 郎大鹏，等译. 6 版. 北京：电子工业出版社，2017.

[28]　刘津，孙睿. 破茧成蝶 2：以产品为中心的设计革命[M]. 2 版. 北京：人民邮电出版社，2018.

[29]　孟祥旭，等. 人机交互基础教程[M]. 3 版，北京：清华大学出版社，2016.

[30]　PARUSH A. 交互系统新概念设计：用户绩效和用户体验设计准则[M]. 侯文军，陈筱琳，等译. 北京：机械工业出版社，2017.

[31]　PEARL C. 语音用户界面设计：对话式体验设计原则[M]. 王一行，译. 北京：电子工业出版社，2017.

[32]　Amber Case. 交互的未来：物联网时代设计原则[M]. 蒋文干，刘文仪，余声稳，等译. 北京：人民邮电出版社，2017.

[33]　KRISHNA G. 无界面交互：潜移默化的 UX 设计方略[M]. 杨名，译. 北京：人民邮电出版社，2017.

[34]　由芳，王建民，肖静如. 交互设计——设计思维与实践[M]. 北京：电子工业出版社，2017.

[35]　包季真. 触人心弦：设计更优秀的 iPhone 应用[M]. 北京：电子工业出版社，2017.

[36]　王巍. 隐式人机交互[M]. 西安：西安电子科技大学出版社，2015.

[37] 顾振宇.交互设计原理与方法[M].北京:清华大学出版社,2016.

[38] LUPTON E.至美用户:人本设计剖析[M].李盼,李松峰,译.北京:人民邮电出版社,2016.

[39] WENDEL S.随心所欲:为改变用户行为而设计[M].张一弛,孙锦龙,译.北京:电子工业出版社,2016.

[40] COOPER A.交互设计之路:让高科技产品回归人性[M].DING C,译.2版.北京:电子工业出版社,2006.

■ A.2　用户体验类推荐书籍

[1] BUXTON B.用户体验草图设计:正确地设计,设计得正确[M].黄峰,夏方昱,黄胜山,译.北京:电子工业出版社,2012.

[2] TULLIS T,ALBERT B.用户体验度量[M].周荣刚,等译.北京:机械工业出版社,2009.

[3] GARRETT J J.用户体验要素:以用户为中心的产品设计[M].2版,范晓燕,译.北京:机械工业出版社,2019.

[4] WILSON C.重塑用户体验:卓越设计实践指南[M].刘吉昆,刘青,等译.北京:清华大学出版社,2010.

[5] GOTHELF J.精益设计:设计团队如何改善用户体验[M].2版,黄冰玉,译.北京:人民邮电出版社,2018.

[6] KRAFT C.惊奇UCD:高效重塑用户体验[M].王军锋,谢林,郭偎,译.北京:人民邮电出版社,2013.

[7] 腾讯公司用户研究与体验设计部.在你身边,为你设计:腾讯的用户体验设计之道[M].北京:电子工业出版社,2013.

[8] 搜狐新闻客户端UED团队.设计之下:搜狐新闻客户端的用户体验设计[M].北京:电子工业出版社,2014.

[9] 刘津、李月.破茧成蝶:用户体验设计师的成长之路[M].北京:人民邮电出版社,2014.

[10] 百度用户体验部.体验·度:简单可依赖的用户体验[M].北京:清华大学出版社,2014.

[11] 米哈里·契克森米哈赖.专注的快乐——我们如何投入地活[M].陈秀娟,译 北京:中信出版社,2011.

[12] KOSKINEN.移情设计——产品设计中的用户体验[M].孙远波,译 北京:中国建工出版社,2011.

[13] UNGER R,CHANDLER C.UX设计之道[M].陈军亮,译.北京:人民邮电出版社,2015.

[14] 樽本徹也.用户体验与可用性测试[M].陈啸,译.北京:人民邮电出版社,2015.

[15] 阿里巴巴集团1688用户体验设计部.U一点·料——阿里巴巴1688UED体验设计践行之路[M].北京:机械工业出版社,2015.

[16] 日本电通公司体验设计工作室.体验设计:创意就为改变世界[M].赵新利,译.北京:中国传媒大学出版社,2015.

[17] SCHAFFER E,LAHIRI A.让用户体验融入企业基因[M].刘松涛,译.北京:电子工业出版社,2015.

［18］ 网易用户体验设计中心.以匠心,致设计:网易 UEDC 用户体验设计［M］.北京:电子工业出版社,2018.

［19］ 阿里巴巴国际用户体验事业部.U 一点·料 2［M］.2 版.北京:机械工业出版社,2018.

［20］ KALBACH J.用户体验可视化指南［M］.UXRen 翻译组,译.北京:人民邮电出版社,2018.

［21］ FERRARA J.好玩的设计:游戏化思维与用户体验设计［M］.汤海,译.北京:清华大学出版社,2017.

［22］ SIERRA K.用户思维＋:好产品让用户为自己尖叫［M］.石航,译.北京:人民邮电出版社,2017.

［23］ 罗仕鉴,等.用户体验与产品创新设计［M］.北京:机械工业出版社,2010.

［24］ HOEKMAN R Jr.用户体验设计:本质、策略与经验［M］.刘杰,阿布,译.北京:人民邮电出版社,2017.

［25］ 雷克斯·哈特森,帕德哈·派拉.UX 权威指南［M］.樊旺斌,译.北京:机械工业出版社,2017.

［26］ LEVY J.决胜 UX:互联网产品用户体验策略［M］.胡越古,译.北京:人民邮电出版社,2016.

［27］ 张玳.体验设计白皮书［M］.北京:人民邮电出版社,2016.

［28］ TULLIS T.用户体验度量:收集、分析与呈现［M］.2 版.周荣刚,秦宪刚,译.北京:电子工业出版社,2016.

［29］ 支付宝 AUX 团队.支付宝体验设计精髓［M］.北京:机械工业出版社,2016.

［30］ PATTON J.用户故事地图［M］.李涛,向振东,译.北京:清华大学出版社,2016.

［31］ LOMBARDI V.设计败道:来自著名用户体验案例的教训［M］.汪天盈,译.北京:电子工业出版社,2016.

［32］ KLEIN L.精益创业 UX 篇—高效用户体验设计［M］.郭晨,马伟,译.北京:人民邮电出版社,2016.

［33］ SHARON T.试错:通过精益用户研究快速验证产品原型［M］.蒋晓,李洋,乔红月,等译.北京:电子工业出版社,2016.

［34］ 韩挺.用户研究与体验设计［M］.上海:上海交通大学出版社,2016.

［35］ 卢克·米勒.用户体验方法论［M］.王雪鸽,田士毅,译.北京:中信出版集团,2016.

［36］ 王欣.硅谷设计之道:探寻硅谷科技公司的体验设计策略［M］.北京:机械工业出版社,2019.

［37］ 王争.争论点:用户体验设计师的交互指南［M］.北京:电子工业出版社,2019.

［38］ 王晨升.用户体验与系统创新设计［M］.北京:清华大学出版社,2018.

A.3　心理学类推荐书籍

［1］ 唐纳德 A 诺曼.设计心理学［M］.梅琼,译.北京:中信出版社,2010.

［2］ 约翰逊.认知与设计:理解 UI 设计准则［M］.2 版.张一宁,译.北京:人民邮电出版社,2014.

［3］ 戴维·迈尔斯.社会心理学［M］.9 版.张智勇,译.北京:人民邮电出版社,2006.

［4］ 理查德·格里格,菲利普·津巴多.心理学与生活［M］.王垒,王甦,等译.北京:人民邮电出版社,2003.10.

［5］ WEINSCHENK S.设计师要懂心理学［M］.徐佳,马迪,余盈亿,译.北京:人民邮电出版

社,2013.

[6] 马丁・塞利格曼.真实的幸福[M].洪兰,译,沈阳:万卷出版公司,2010.

[7] 米哈里・契克森米哈赖.发现心流:日常生活中的最优体验[M].陈秀娟,译.北京:中信出版集团,2018.

[8] 维克托・约科.说服式设计七原则:用设计影响用户的选择[M].李锦贞,译.北京:人民邮电出版社,2018.

[9] 米哈里・契克森米哈赖.心流:最优体验心理学[M].张定绮,译.北京:中信出版集团,2017.

[10] WEINSCHENK S M.设计师要懂得心理学2[M].蒋文干,译.北京:人民邮电出版社,2016.

■ A.4 设计调研类推荐书籍

[1] 胡飞.聚焦用户:UCD观念与实务[M].北京:中国建筑工业出版社,2009.

[2] 胡飞.洞悉用户:用户研究方法与应用[M].北京:中国建筑工业出版社,2010.

[3] SPENCER D,GARRETT J J.卡片分类:可用类别设计[M].周靖,文开琪,译.北京:清华大学出版社,2010.

[4] BOLT N,TULATHIMUTTE T.远程用户研究:实践者指南[M].刘吉昆,白俊红,译.北京:清华大学出版社,2013.

[5] 戴力农.设计调研[M].2版.北京:电子工业出版社,2016.

[6] 李乐山.设计调查[M].北京:中国建筑工业出版社,2007.

[7] PORTIGAL S.洞察人心:用户访谈成功的秘密[M].蒋晓,戴传庆,孙启玉等译.北京:电子工业出版社,2015.

[8] 贝拉・马丁,布鲁斯・汉宁顿.通用设计方法[M].初晓华,译.北京:中央编译出版社,2013.

[9] 代尔夫特理工大学工业设计工程学院.设计方法与策略:代尔夫特设计指南[M].倪裕伟,译.武汉:华中科技大学出版社,2014.

[10] 凯茜・巴克斯特.用户至上:用户研究方法与实践[M].王兰,杨雪,苏寅,等译.北京:机械工业出版社,2017.

[11] YIN R K.案例研究:设计与方法[M].5版.周海涛,等译.重庆:重庆大学出版社,2017.

[12] 陈峻锐.匹配度:打通产品与用户需求[M].北京:中国友谊出版公司,2016.

附录 B

交互设计作品展示

1. 交互设计原理与方法课程

(1) SCENE AR 移动应用设计；

(2) Hello! Plants 移动应用设计；

(3) "找馆子"移动应用设计；

(4) 基于社交网络的大学校园寻物移动应用设计。

2. 交互设计专题研究

(1) 基于茶文化传承的引导式茶盘设计；

(2) "咕噜"智能存钱装置设计；

(3) "承"智能家居产品设计。

■ B.1 交互设计原理与方法课程

1. SCENE AR 移动应用设计

SCENE

Scene是一款面向热爱自由行人群，基于AR（扩增现实）功能，提升旅游趣味性的APP。

指导老师：蒋晓

学生：陈晨 耿伊飘

AR功能模块

AR（Augmented Reality）模块是这款APP的核心功能所在，借助AR技术以提供景点扫描，美食推荐等功能。此外，还提供丰富有趣、与景点信息密切相关的AR游戏，以丰富自由行用户的旅游体验。

高保真界面

首页   登录界面   侧拉边栏

系统图

使用场景：旅游途中。

用户粘度：为用户提供更真实更具趣味性的旅游体验，显示实时资讯并提供结伴交友平台，解决旅游中遇到的各种问题。

对话   个人中心   社区

SCENE 用户需求分析

洞察卡片

A: 喜欢自由行的人
1. 一年的旅游频率?
2. 一般在什么时候会选择自由行?
3. 喜欢独自出行还是结伴而行?
4. 自由行中有无遇到找不到满意的酒店等问题?
5. 是否希望能提前得知该地可能或正在发生的活动?
6. 在自由行过程中遇到过什么问题?
7. 是否希望通过扩增现实功能提升旅游乐趣?
8. 在自由行过程中用过什么APP?体验如何?

B: 不选择自由行的人
1. 为何不喜欢自由行?
2. 你觉得自由行过程中可能会出现哪些问题?

人物角色

用户旅程设计

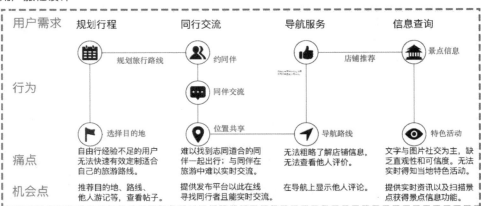

痛点分析与需求转化

所属阶段	出行准备阶段	行程规划阶段	信息查询阶段	游玩阶段	分享发布阶段
痛点分析	难以找到志同道合的同伴一起出行	经验较少的用户制定行程存在困难	无法获得当地实时资讯(如当地特色活动等),没导游的情况下不能得知景点信息。	旅游信息可信度不足,难以选择店铺,难以与队友保持实时联系,位置共享。	自由行过程中无法及时记录行程中的瞬间
功能转化	建立高效的用户社区,可建立小视频的发布平台以此在线寻找同行者且能够实时交流。	推荐目的地、路线、他人游记等,查看帖子。	提供实时资讯以及在AR功能显示地理景点获得丰富景点信息。	允许发布视频帖等,增加旅游景观可信度。AR功能显示地理路线分布及他人对店铺的评价。可在小程序实现交流、分享位置等。	社区里可发帖分享

增强现实功能

SCENE AR是一款针对自由行用户的旅游助手APP，除了提供旅游信息、社区分享与基本社交功能外，SCENE AR运用增强现实技术（Augmented Reality）以提升用户的使用体验。

AR功能模块能为用户提供直观的景区导航；用户可以通过手机摄像头扫描获取历史古迹的具体信息、寻找附近的酒店、餐厅；此外，还提供丰富有趣、与景点信息密切相关的互动游戏，以丰富自由行用户的旅游体验。

高保真界面

字体选用及配色方案

2. Hello! Plants 移动应用设计

即拍即搜陌生植物

遇到不认识的植物怎么办？拿出手机，点开Hello! Plants，一键拍摄，后台百万图库进行搜索，智能匹配几种相似类型。确认匹配后，可查看植物详情，也可一键转发社交平台，图文会显示你发现此植物的时间地点，和亲朋好友形成互动。

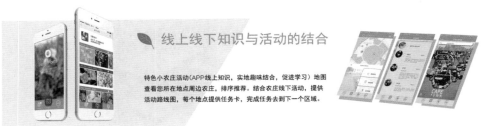

线上线下知识与活动的结合

特色小农庄活动（APP线上知识，实地趣味结合，促进学习）地图查看您所在地点周边农庄，排序推荐。结合农庄线下活动，提供活动路线图，每个地点提供任务卡，完成任务去到一个区域。

植物百科搜索与我的植库

植物百科搜索：根据植物不同特征进行检索，旅游时可以按地域，不同季节可按时令，特殊形态可按特征，不同方式检索到您需要的植物。
我的植库：拍照扫描后，确认匹配植物；在论坛广场上收藏的别人热贴，都可以在我的植库中找到。整合收藏信息，便于日后查看，温故而知新。

指导老师：蒋晓　　组员：沈小琳1060114115　邵雨琪1030513115　Page 1/2

认知类植物APP交互设计

项目时间：2015年9月—2015年12月
作者：沈小琳 邵雨琪
指导老师：蒋晓
课题名字：Hello！Plants（认知类植物APP交互设计）

❈ 课题来源

随着城市化的推进，我们新一代的人们常常会遭遇到"四体不勤，五谷不分"的尴尬情形。比如，行走在校园中，我们并不能准确说出大多数花草树木的名字；去到乡间，我们无法辨认田间的谷物时蔬；出门旅游，我们并不认识留在相机里的奇花异草。

Hello! Plants 是一款主要面向于20-30岁年轻父母、能够辨认知植物
传播知识的科普社交类APP

❈ 竞品分析

	基本信息	产品功能	使用驱动力	优势	劣势
肉	好多肉是一款了解多肉植物资讯和养护知识的APP	1.多肉资讯 2.种植注意事项 3.社区肉友交流	专注养多肉的用户获取全面咨询	1.论坛交流留住用户 2.图鉴多种搜索方式	1.信息过多 2.受众单一
	形色是一款识花和分享花卉给朋友的社交软件	1.分享给朋友 2.识别花的名称 3.定位,附近的花 4.每天推送一种花	需要识花和社交的人记录自己收藏足迹	1.侧滑栏设计,查找快速 2.社交概念,附近的人	1.资讯量少 2.花识别不准确
	北京植物园是一款智能游园手机应用,自助植物科普APP	1.植物科普 2.不同季节游览资讯 3.自助地图导览	游客享受更详细旅游讲解,入园前宣传到位扫码下载	1.地点确定植物细节完善 2.路线设计	出园就无用
	米罗一款趣味、益智的儿童游戏,闯关游戏	1.多种级别中选择 2.分类认识野生动物 3.奖励反馈,知识联系	小孩需要在游戏中认识动物,产生学习兴趣	1.良好的奖励反馈 2.游戏 3.适合孩子独立学习科普知识	游戏重复性高,孩子过早接触APP

❈ 人物角色卡片

❈ APP主要功能模块

Hello! Plants 主要功能模块

扫描 ...
扫描植物...自适应地获取植物信息...扩大用户的知识面

植库 ...
植库中储存了大量用户分享推荐...阅读出页面的...上传至数据...不收集收藏

农庄 个性推荐农庄呵护
根据用户的兴趣定位实时推荐...针对性地...推送页面游戏攻略...增加趣味性和黏性

❈ 系统图

⚔ 用户调研

通过寻找用户共性，
我们将我们的访谈用户分为三类：在读学生，社会青年，年轻父母

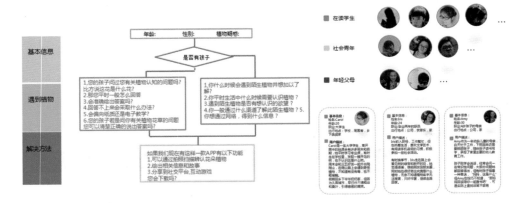

⚔ 典型用户体验旅程图

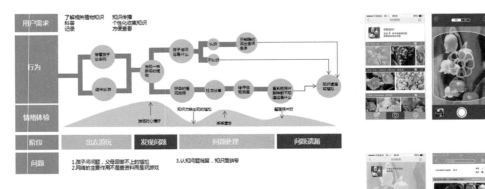

⚔ 痛点分析和功能转化

低保真界面设计

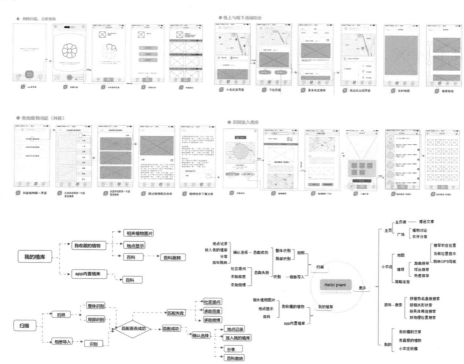

高保真设计

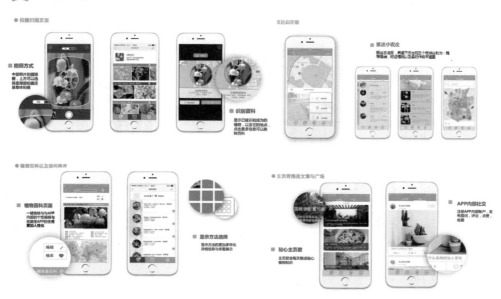

3. "找馆子"移动应用设计

找馆子——打造地方特色苍蝇馆子探索地图

指导老师：蒋晓　学生：曹萌 杭璐

○ 目标用户

常驻于某地，喜欢探索各种美食，爱好拍照分享的美食爱好者。

○ 用户访谈

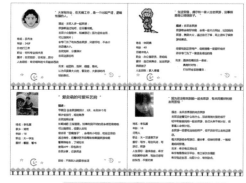

○ 用户需求

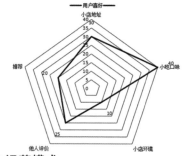

○ 运营模式

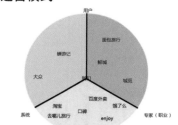

UGC模式　全部文章内容由用户推荐；每日推送优秀的用户发文；通过不同用户对同一家馆子的评论更全方位评定。

美食地图　与好友进行比拼，让用户更有成就感；随时创建拔除馆子使信息更新更及时。

美食分享　满足用户的晒照需求，智能排版，让发文更上档次；智能定位分享内容更精准。

美食分享　探索藏在巷子深处不为人知的美食；让用户的每一个周末过得像黄金周。

○ 信息架构

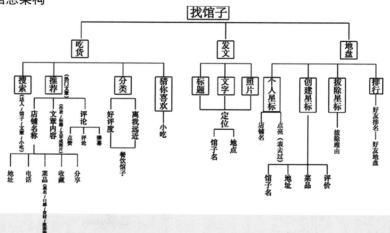

找馆子——打造地方特色苍蝇馆子探索地图

指导老师：蒋晓　学生：曹萌 杭璐

功能模块

吃货	1. 每日推送优秀文章，点击连接可以查看小馆详细介绍。 2. 分类页面按照离我最近以及好评度排行。
搜索 发文	1. 可以搜索馆主，馆主文章，馆子，菜名等。 2. 分享美食照片，智能排版，智能定位连接，方便下次寻找到。
地盘	1. 查看自己吃过多少家馆子，点亮了多少星标。 2. 与好友进行比拼排行。 3. 随时发现亲的馆子既可创建，发现已关闭的馆子即可拔除。
个人	1. 查看自己发过的文章。 2. 查看自己关注的文章。 3. 关注好友动态，查看好友信息。

流程图

产品

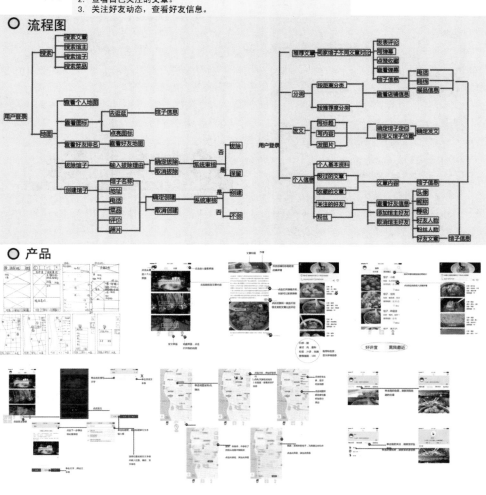

4. 基于社交网络的大学校园寻物移动应用设计

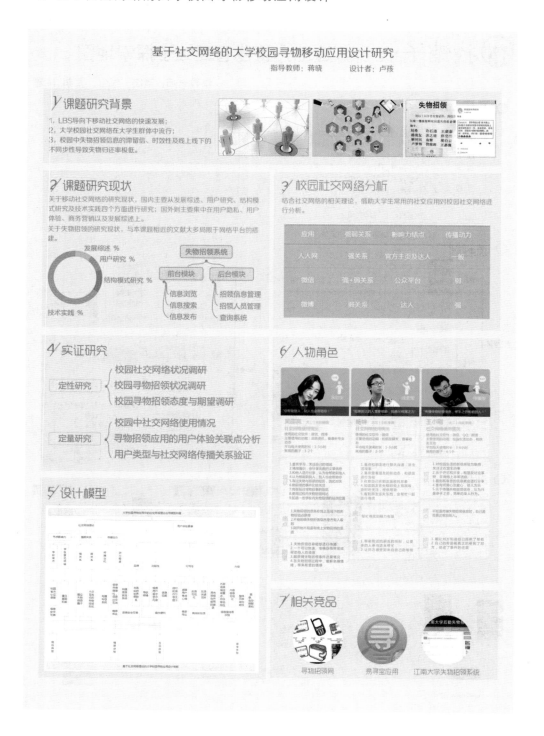

8 站点地图

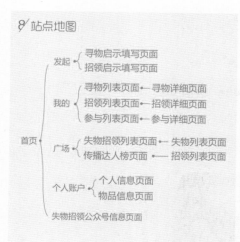

9 信息架构

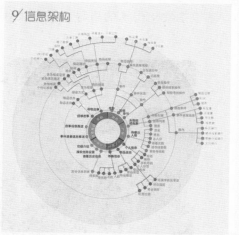

10 高保真原型示例

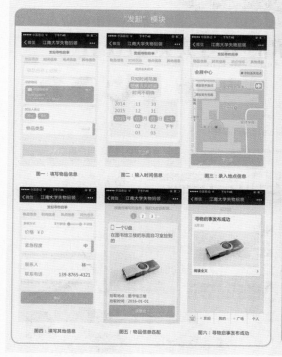

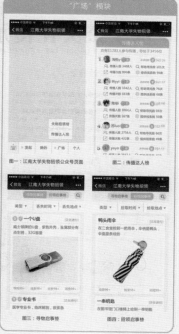

■ B.2 交互设计专题研究

1. 基于茶文化传承的引导式茶盘设计

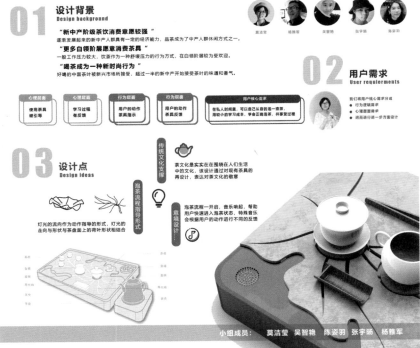

2019级交互设计专题研究

指导教师：蒋晓

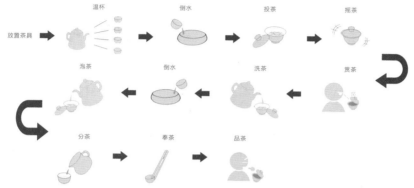

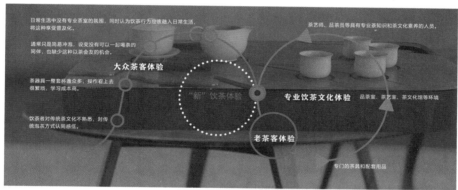

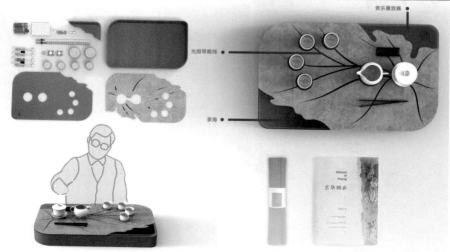

2. "咕噜"智能存钱装置设计

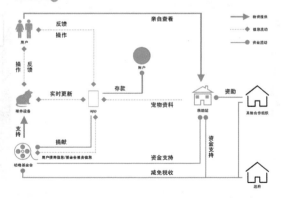

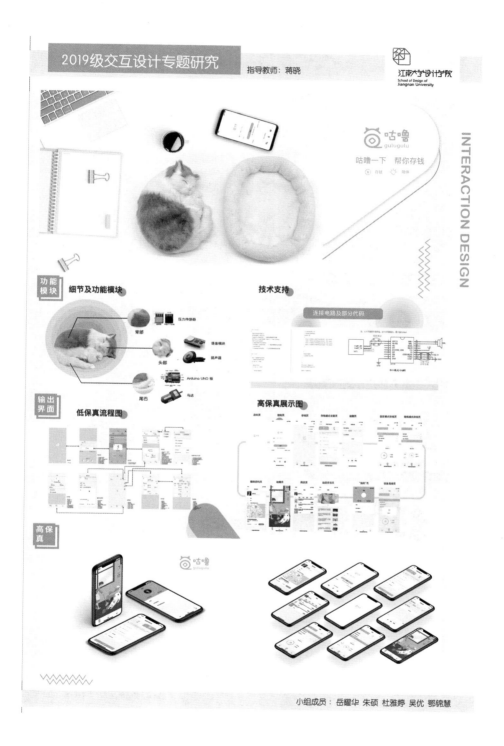

3. MOMO 智能加湿器设计

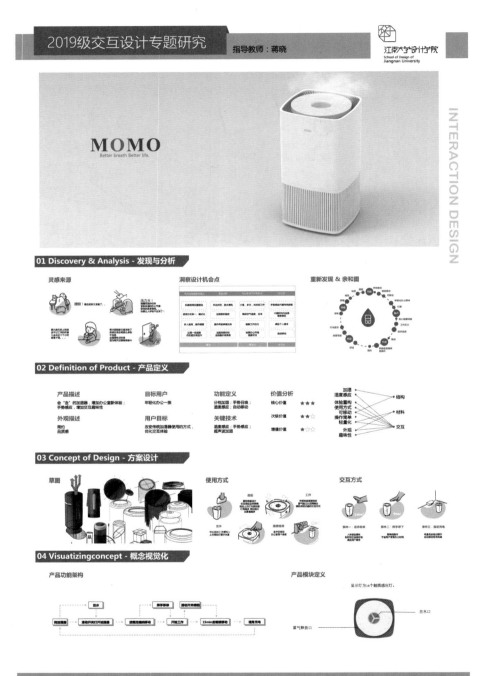

3. 智能戒烟烟灰缸设计①

江南大学设计学院　智能产品开发
项目时间：2015.10 — 2016.01
作者：　陆婷婷　强韵冰
指导老师：　蒋晓

设计目标：针对戒烟的中老年人及其家庭，设计一款辅助戒烟的智能烟灰缸。

设计原因：戒烟方法虽多，但各个戒烟方法都存在着各自的局限性，至今还没能找到一种完美的方法可以让人在较短时间内把烟戒掉。所以我们想要探讨的是，在吸烟者使用这些方法的同时，如何通过外部的产品辅助和监督戒烟者戒烟，并且这种产品在本身想要戒烟的吸烟人群身上才能产生良好的效果。在方式上我们想从吸烟对自己、对身边人的危害入手，对吸烟者加以提醒和警示。

▌设计背景调研

▌社会调研

2016.05.31——第28个世界无烟日

现状：　死亡率　　低龄化　　被吸烟

▌现有戒烟方法

自身	产品	药物	医疗
自身意志力 戒烟计划 体育运动 注意力转移	戒烟产品 电子烟	联合治疗法 戒烟药物 + 心理&行为指导	针灸疗法 甜美穴 （戒烟穴）

▌调研总结

产品定位： 辅助戒烟智能烟灰缸

人群定位： 戒烟的中老年人

产品功能： 1. 监督吸烟者吸烟状况并且对情况进行反馈

　　　　　　2. 用吸烟危害儿童健康、破坏亲子关系的方式警告吸烟者

产品要求： 1. 形式简洁、操作简单

　　　　　　2. 融入用户的日常生活，潜移默化的改变用户的吸烟意习

▌产品概念

智能戒烟烟灰缸

· 烟灰缸里安装的传感器检测出用户掸烟灰的行为，知晓用户正在吸烟，这时这传感器产生感应传到显示屏上，显示屏上所显示的是一个天真可爱的孩子，孩童被缭绕弥漫的烟雾所包围，从喜笑颜开变成生气疑惑变成嚎啕大哭，最后濒临崩溃的模样。在此之后，语音模块响起孩子的声音提醒长辈不要再吸烟了！用户也可以自行录制自己家小孩的声音，会让提醒和警示的效果加倍。

· 中老年用户在使用过程中会想象这样的画面：在自己吸烟时自己的孩子也在被动吸烟，身体和心灵不受到侵害，这时他们便会产生深深的愧疚感，这就使他们们戒烟的信念更加坚固，帮助他们慢慢放下香烟，渐渐戒掉吸烟的习惯。

· 该产品不能单独作为一种戒烟手段，需要用户配合戒烟方法一起使用。

▌用户调研

目标人群定位：吸烟并且有戒烟意识的中老年人，和想要帮助这类人戒烟的人群。

▌人物角色卡片

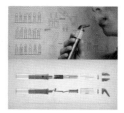

▌相关产品

控制尼古丁摄入的烟斗

戒烟是难事，而戒烟就是要戒掉尼古丁。这款戒烟设备让使用者自主设定戒烟过程，它会逐渐减少尼古丁摄入的剂量，从而让"老烟枪"戒烟。

戒烟警示灯

也许这款球形灯不会强制让人们停下来吸烟，但它会感应到烟雾，机身的LED彩色条纹就会亮起，并不停改变颜色，通过这种方式向吸烟者给以警示。

烟雾报警设备

公共场所吸烟屡禁不止，那就嘀嘀警报吧！这款设备在正常情况下既是警示标识，夜晚可以作为灯具。倘若一旦检测到烟雾，它就会发出刺耳的警报声。如果不想引起误会，还是别吸烟了。

---

① 与比特实验室校企合作。

▌Arduino模块接线图

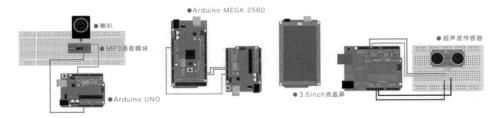

▌产品展示

▌使用流程

| | 掸烟灰 | 显示屏上显示
儿童的表情变化 | | 语音警告不要吸烟 | |
| 用户吸烟 | 超声波传感器检测
用户正在吸烟 | | 时间模拟 | | 停止吸烟 |

▌多功能分区

戒烟药物区　　　　　　　　花草种植区　　　　　　　　盛放烟灰区

放置戒烟药物、口香糖　　　净化空气、消除烟味　　　掸烟灰、检测区域

▌智能监测

功能介绍:

吸烟前显示屏上所显示的是一个天真可爱的孩子,吸烟后孩子逐渐被缭绕弥漫的烟雾所包围,从喜笑颜开变成生气疑惑变成嚎啕大哭,最后濒临崩溃的模样。此时语音提醒用户不要吸烟。用户也可以自行录制自己家小孩的声音,会让提醒和警示的效果加倍。